基金编号：国家自然科学基金50908040
项目名称：绿色技术与评价标准量化指标在长江三角洲绿色住区示范工程中的适宜度研究

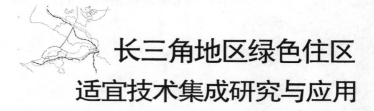

长三角地区绿色住区
适宜技术集成研究与应用

杨　靖　傅秀章　张　彧　岳文昆　著

东南大学出版社
·南京·

图书在版编目（CIP）数据

长三角地区绿色住区适宜技术集成研究与应用／杨靖
等著. —南京：东南大学出版社，2013.5

ISBN 978-7-5641-4092-2

Ⅰ. ①长… Ⅱ. ①杨… Ⅲ. ①长江三角洲—居住区—
环境规划—研究 Ⅳ. ①TU984.12

中国版本图书馆CIP数据核字（2013）第023161号

长三角地区绿色住区适宜技术集成研究与应用

著　　者	杨　靖　傅秀章　张　彧　岳文昆
出版发行	东南大学出版社
地　　址	南京四牌楼 2 号　（邮编210096）
出 版 人	江建中
责任编辑	顾晓阳
网　　址	http://www.seupress.com
经　　销	新华书店
印　　刷	南通印刷总厂有限公司

开　　本	700mm × 1000 mm　1／16
印　　张	15.25
字　　数	225千
版　　次	2013年5月第1版
印　　次	2013年5月第1次印刷
书　　号	ISBN 978-7-5641-4092-2
定　　价	39.80元

本社图书若有印装质量问题，请直接与营销部联系，电话：025-83791830

目 录 | CONTENTS

1 绪论

1.1 课题研究背景

1.1.1 研究背景

当前我国发展绿色建筑及绿色建筑评价标准体系具有重要意义。世界各国对绿色技术的运用已从试验性、示范性逐步走向系统化、标准化,我国绿色建筑及其关键技术的研究也正处在一个推进的关键时期,随着《绿色建筑评价标准》的出台,绿色建筑的发展正由点向面逐步展开,由示范工程建设走向全面推广阶段。

1997 年 12 月,180 个国家聚集在日本京都签订了《京都议定书》,并约定于 2005 年起生效。2007 年,我国做出了节能减排的庄严承诺,提出了"十一五"期间单位国内生产总值能耗降低 20% 左右、主要污染物排放总量减少 10% 的约束性指标。为了贯彻落实《国务院关于印发节能减排综合性工作方案的通知》(国发〔2007〕15 号)的要求,2007 年建设部决定在"十一五"期间启动"一百项绿色建筑示范工程与一百项低能耗建筑示范工程"(简称"双百工程")的建设工作。通过"双百工程"的建设,形成一批以科技为先导、节能减排为重点,功能完善、特色鲜明、具有辐射带动作用的绿色建筑示范工程和低能耗建筑示范工程。到 2008 年,我国已有绿色建筑示范工程和低能耗建筑示范工程 30 多个,可再生能源示范项目 212 个,绿色建筑创新奖(综合类)26 个项目,获得绿色建筑评价标识的建筑项目 6 个。对这些具有示范效益的绿色工程的研究将带动整个地区的绿色建筑水平的发展,对于提升绿色建筑发展的整体水平具有显著的重要意义。

住宅建设量在我国总建设量中占有相当大的比例。我国城市住宅"耗地"已占整个城市用地量的30%，住宅"耗能"已占全国总能耗的37%。绿色技术在住区开发建设中的推广与运用，无疑对绿色建筑的研究与应用起着立竿见影的推动作用。从1999年我国第一个绿色小区北潞春绿色生态小区诞生后，各大品牌地产开发商都开始关注绿色技术在住区开发建设中的应用，甚至把它作为提高品牌竞争力的重要方面。

2006年6月，《绿色建筑评价标准》（GB/T 50378—2006）（简称《评价标准》）的出台，标志着我国绿色建筑的发展已经从零星的示范向争取全面推广的道路发展，并且这种推广以国家法规的形式确定下来。《绿色建筑评价标准》的出台，为推动我国绿色建筑示范工程的建设提供了法规及政策上的支持，同时《评价标准》中六大类三项控制指标的确立为"绿色住区"的称谓提供了可供衡量的标尺。将《评价标准》与绿色建筑示范工程结合起来研究，对我国绿色建筑的发展以及绿色建筑评价体系的发展和完善都具有双重重要的意义。

1.1.2 研究意义

把研究的地域限定在长江三角洲地区，具有以下方面的研究意义：

1. 绿色建筑示范工程是以《绿色建筑评价标准》作为衡量依据的，《绿色建筑评价标准》量化指标在长江三角洲示范工程中应用的适宜性研究，旨在通过控制项、一般项、优选项中量化控制指标与长三角地区绿色住区示范工程中实际达到的量化指标的比对研究，为《评价标准》中量化控制指标的确定及《评价标准》的进一步完善提供参考。

2. 长江三角洲地处我国经济较发达的地区，许多先进技术和先进施工工艺都产生在这里，因此对长江三角洲绿色住区示范工程的研究，有助于了解我国现阶段绿色建筑及技术发展的前沿水平，为确定下一阶段绿色建筑发展的目标提供指导。

3. 长江三角洲绿色建筑示范工程同时属于我国夏热冬冷地区的气候区划，研究绿色建筑离不开地域的特征，不同气候区划地区绿色建筑设计需要采取不同的设计策略，长江三角洲绿色示范工程中关键绿色技术的整合研究，可以为制定夏热冬冷地区的绿色建筑评价标准细则提供依据，也可以为长三角地区地方细则的制定提供参考。

4. 绿色技术在长江三角洲住区中应用的适宜性研究，旨在通过对各种绿色建筑关键技术的调查、对比与研究，从多维主体的角度找出针对不同类型、不同规模以及不同档次的住区开发建设中适宜采用的绿色建筑技术，为今后长江三角洲地区绿色住区建设中适宜技术的选择提供依据。

1.1.3　研究目标

具体而言，研究目标体现在以下方面：

1. 住区规划物质空间形态的层面上——规划设计方面利用绿色建筑设计模拟软件对规划、建筑形态提出修改意见，以达到室外环境的舒适度品质；建筑单体方面，将绿色建筑技术与建筑物质形态及空间形态完美结合，最终体现在部品的选择及设计上。

2. 绿色建筑技术的系统集成与分析方面——针对不同类型及规模的住区提出绿色建筑技术应用的适宜度，可供选择的方式、设备以及经济效益评价。

3. 使用主体研究层面上——找到绿色建筑设计中关键技术的应用与居民满意度和认可度的契合点。

4. 运营、管理体系的层面上——通过典型示范工程运营管理的效益成本分析，为开发商的决策提供参考。

1.2　国内外研究现状

1.2.1　国外研究现状

在绿色建筑评价标准及评估体系的研究发展方面，20 世纪 90 年代开始，世界各国都制定了符合本国实际条件的绿色建筑评估体系，其中影响较大的有美国的 LEED 评估体系、日本的 CASBEE、英国的 BREEAM。1990 年，由英国建筑研究中心提出的《建筑研究中心环境评估法》（BREEAM）是世界上第一个绿色建筑综合评估系统。BREEAM 主要包含了管理优化、能源节约、健康舒适、污染、运输、土地使用、场址的生态价值、材料、水资源消耗和使用效率等九个方面，分别归类于"全球环境影响"、"当地环境影响"和"室内环境影响"三个环境表现类别。1995 年，美国绿色建筑协会推行的《绿色建筑评估体系》（LEED），被认为是目前各类建筑环保评估、绿色建筑评估以及建筑可持续性评估标准中最完善、最有影响力的评估标准。LEED 强调建筑设计和施工应在选址规划的可持续性、水源保护和水的有效利用、原料与资源保护、室内环境质量等方面明显降低或消除建筑对环境和用户的负面影响。日本建筑物综合环境性能评价方法 CASBEE(comprehensive assessment system for building environmental efficiency) 以各种用途、规模的建筑物作为评价对象，从"环境效率"定义出发进行评价，将评估体系分为 Q（建筑环境性能、质量）与 LR（建筑环境负荷的减少），并可根据其所处位置评判出该建筑物的可持续性。

除了上面提到的绿色建筑评估体系，还有澳大利亚的 NABERS、荷兰的 GreenCalc、德国的生态导则 DGNB、挪威的 EcoProfile、法国的 ESCALE 等。总体而言，国外绿色建筑评估工具的发展呈现以下基本特征：注重与本国的实际情况相结合；评估工具由早期的定性评估转向定量评估；从早期单一的性能指标评定转向综合了环境、经济和技术性能的综合指标评定。

1.2.2　国内研究现状

国内绿色建筑评价标准及评估体系的研究始于 20 世纪 90 年代初，许多学者都在努力探索适合我国国情的绿色建筑评估体系，其中具有代表性的是基于神经网络系统的评估体系研究，如《长江三角洲地域绿色住居评价体系研究》（王竹，王杉，裴晓莲，2008 年），《人工神经网络在绿色建筑评估中的应用》（侣同光，宋华平，刘加云，2008 年）等。在国家政策的层面，2001 年始，建设部住宅产业化促进中心制定了《绿色生态住宅小区建设要点与技术导则》、《国家康居示范工程建设技术要点（试行稿）》，同年 9 月完成了《中国生态住宅技术评估手册》第一版的制定，并用于国内第一批"全国绿色生态住宅示范项目"的指导和评估，对推动我国绿色建筑的发展起到重要作用。2006 年《绿色建筑评价标准》的出台，使我国绿色建筑评价标准体系的研究迈上新台阶[①]，由于《评价标准》中评价项目相对简化，并制定了切实可行的量化控制指标，因此，《评价标准》在绿色建筑发展中得到迅速推广。但是，《评价标准》中的评价内容及量化控制指标的确定仍然存在一定的不足，并且它只是一定时期我国绿色建筑发展水平的反映，应当随着绿色建筑发展整体水平的提升而不断推进，这些都需要我们对《绿色建筑评价标准》本身加强进一步研究。

目前，国内针对《评价标准》本身的研究并不多，主要有《关于国内生态住宅评价标准的指导性分析——从〈中国生态住宅技术评估手册〉到〈绿色建筑评价标准〉》（黄一翔，栗德祥，2006 年），《绿色公共建筑评价标准与技术设计策略》（韩继红，汪维，安宇，杨建荣，2007 年）。在针对《评价标准》某一量化指标的研究中，《绿色生态住宅小区声环境控制指标的探讨》（王瑞，

---

① 《绿色建筑评价标准》包括以下六大指标：节地与室外环境；节能与能源利用；节水与水资源利用；节材与材料资源利用；室内环境质量；运营管理(住宅建筑)、全生命周期综合性能(公共建筑)。各大指标中的具体指标又分为控制项、一般项和优选项三类。

2007年），对绿色生态住宅小区室内外声环境控制指标进行了探讨，并对《评价标准》中相关声环境指标的不合理性进行了评议；在《质疑"透水"砖》（启正，2007年）中，结合《评价标准》量化指标对场地铺装中室外透水地面面积的比例进行了探讨；在《绿色建筑评估体系与节水》（王洪涛，李风亭，徐冉，2007年）一文中，将国外绿色建筑节水要求与我国绿色建筑评价标准中的节水要求进行了对比研究。这些研究都为我国《绿色建筑评价标准》的进一步完善和发展提供了有益的借鉴。

另一方面，在绿色建筑技术集成应用研究方面，许多欧美发达国家已在绿色建筑设计、建筑节能与可再生能源利用、资源回用技术、绿化配置技术、绿色环保建材、室内环境控制改善技术等单项生态关键技术研究方面取得了大量成果。与国外相比，虽然我国有关绿色建筑及其技术集成的研究起步较晚，但目前这方面的研究成果却非常丰富，主要集中在以下方面：（1）绿色生态住区及绿色关键技术的集成研究，如《绿色奥运建筑——第29届奥林匹克运动会奥运村设计与思考》（刘京，曾静，刘安，贺奇轩，2006年），《江南某三星级（嘉兴帝景苑）绿色建筑的设计要素与造价分析》（戴起旦，汤民，2007年），《从体育新城安置小区谈绿色建筑设计理念》（叶青，朱烜祯，2007年），等等；（2）绿色建筑示范工程及其关键技术的集成研究，如《节能设计策略的集成与创新——清华大学超低能耗示范楼》（栗德祥，周正楠，2006年），《绿色住宅技术集成与示范——上海生态住宅示范楼》（汪维，韩继红，安宇，2006年），《集成创新——科技部节能示范楼的经验与启示》（郭丽峰，李哲，2008年）；（3）绿色建筑单项生态关键技术的深入研究，如：《城市湿地的设计与分析——以波特兰雨水花园与成都活水公园为例》（曾忠忠，2007年），《外遮阳百叶隔热性能与采光分析》（邓天福，李景广，叶倩，张全），《建筑区雨水人工渗蓄利用系统的分析及应用》（李海燕，董蕾，黄延，2008年），等等；（4）绿色建筑技术应用增量成本的研究，如《住宅建筑绿色生态技术增量成本统计分析》（李菊，孙大明，2008年），《绿色建筑技术成本收益分析研究》（林波荣，2007年），《影响绿色建筑推广的因素——来自建筑业的实证研究》（张巍，吕鹏，王英，2008年）。

1.2.3　现有《绿色建筑评价标准》所存在的问题

1. 目前我国绿色建筑及其关键技术集成研究中还存在以下问题：

（1）针对单项生态关键技术研究得比较多，而针对关键技术系统集成的研究相对较少；针对单一绿色技术应用的评价比较多，而对整体系统评价研究的相对较少。

（2）针对单个示范工程中应用的绿色技术研究得多，而对绿色技术在不同工程中应用的横向比较的研究比较少。

（3）针对单个示范工程中绿色技术应用的原理、方法、技术路线、途径等定性研究得较多，而针对绿色技术应用的量化评价研究得则比较少。

（4）针对单个示范工程中绿色技术应用的增量成本研究得多，而对绿色技术在不同工程中增量成本横向比较的研究比较少。

因此，当前针对绿色建筑及其技术集成的深化研究具有重要意义，同时将绿色建筑技术的研究与《评价标准》量化控制指标的研究结合起来，进行横向比较和深入分析是非常必要和紧迫的，我们的研究正是为了填补这方面研究的空白。

2.《绿色建筑评价标准》量化标准中待商榷的问题：

（1）有些绿色标注不是特别符合我国国情：例如旧建筑的利用，我国多数项目是在"三通一平"的土地上进行建设，旧建筑已经很难利用，这项是否应该放在优选项中。

（2）缺乏针对地域性：没有针对不同气候区、不同经济条件地区、不同地方政策、不同资源条件分别设置评价指标。如标准中的4.2.3条，在长三角地区住区中较少采用集中式采暖，因此该条款用于评价长三角住区存在一定问题；又如标准中的4.1.14没有针对不同气候制定绿化标准，都统一规定"每100m²绿地上不少于3株乔木"，根据项目调研分析，长三角地区绿标住区基本都达到了6株。

（3）评价方法不尽合理，导致评价结果的不确定性。例如，标准中的4.1.12条，"平均热岛强度不高于1.5℃"，缺乏对计算标准的统一规定；有些条文过于定性，缺乏定量与具体措施，不利于操作，如："建筑造型要素简约，无大量装饰性构件"，"采用可调节外遮阳装置"，缺乏细化措施。

（4）有些条文的规定、绿色技术并不符合长三角地区人们的生活习惯：人们并不喜欢集中密闭新风系统，南方人更习惯开窗通风，更喜欢自然通风，更应提倡及重视被动式技术的运用。

（5）部分住区类型标准一致，存在问题：如，标准中的4.1.3条、4.1.6条，针对经济适用房、中高档商品房其指标应该有所区别，是否应针对不同档次的住区设置条款。

（6）是否应该引入权重概念：绿标中各条款没有重要、次重要之分，每项技术实现难度不同、成本不同、重要性不同、政策引导性不同，所以在绿标的评价中是否应该引入权重概念。

（7）部分量化指标是否可以更加细致：在量化控制指标中，还应设置不同的得分比例。因为有些指标采用的比例少于 5%，与采用了 50% 相比明显效果不同，所以不能一样对待。

（8）各专业交织在一起，不利于不同专业的分工使用。

1.3 研究方法及技术路径

1.3.1 研究方法

阶段	研究方法	研究内容
数据采集与整理阶段	a) 文献查阅法	把握目前绿色技术发展与应用状况；获取国外、国内绿色技术在住区中应用情况以及相关案例；了解我国绿色技术在住区中应用多方面的反馈意见与问题
	b) 实地考察法	对国内有影响的绿色住区进行实地参观考察，把文献资料、数据与实际使用状况建立对应关系，并确定重点调研与测试的项目
	c) 实地测试法	获取绿色技术在住区中运用状况的一手资料。着重考察长三角地区绿色建筑示范工程，通过实地定点观测、仪器测试进行数据采样
	d) 问卷统计法	获取绿色住区中居民对绿色技术运用的反馈意见，收集一手数据
	e) 专题访谈法	绿色住区的开发投资主体（开发商）、当地规划建设管理部门、住区的物业管理部分、设计单位等进行专题访谈，获取绿色住区开发成本、收益、后期运营、维护管理、社会影响、操作中的困难与问题等相关资料
研究分析阶段	a) 对比分析法	系统比较长三角住区中绿色技术的使用情况
	b) 分类分析法	依照住区的不同建设规模、开发定位、投资成本进行绿色技术选用与量化指标分析
	c) 数字分析法	根据确立的相关因子，为绿色技术在住区中应用状况提供量化和显像的数字化手段

1.3.2 技术路径

绿色技术在住区应用中的系统性，以及技术适宜度影响因子的复杂性，使得课题研究具有多目标、高难度的特点。在研究中，课题组坚持横向对比与个案研究结合，理论推导与实测模拟结合，对绿标体系中重要适宜技术进行深化和优化，并积极尝试引入数学评价理论，建立起具有量化特点和普适性的适宜度研究体系（如图1），最终指导建筑实践和绿标优化。

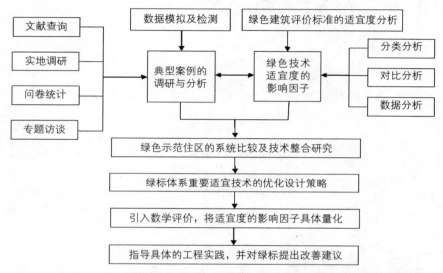

图1-3-1 量化指标及绿色技术适宜度研究的技术路径

1.4 研究内容

1.4.1 研究内容界定

建设部绿色建筑示范工程的评价依据是2006年6月颁布实施的《绿色建筑评价标准》（GB/T 50378—2006），我们这里所指的绿色住区示范工程，不仅包含建设部绿色建筑及低能耗建筑双百示范工程的住区类项目，同时也包括建设部可再生能源示范项目，以及获得绿色建筑创新奖、绿色建筑评价标识的住区类项目，因为它们的共同特征都是以《绿色建筑评价标准》及《绿色建筑技术手则》作为评价依据，因此，我们所指的绿色住区示范工程是指按照《绿色建筑评价标准》设计、建造的长三角地区绿色建筑住区类项目。

《绿色建筑评价标准》将评价对象主要分为住宅建筑（一般指住区）及公共建筑两个部分，两种类型建筑的评价标准略有不同，我们将重点放在目前开发建设量占 80% 以上的住宅开发建设上，我们的绿色建筑示范工程将主要针对住区建筑。

1.4.2 研究内容

1. 长江三角洲绿色住区示范工程的典型个案调查与分析

选取长江三角洲典型绿色住区示范工程，如南京聚福园、南京银城东苑、苏州朗诗国际、无锡山语银城、杭州金都城市芯宇等项目，进行典型个案的调查、研究与分析，主要包括以下方面：

（1）长江三角洲示范工程中住区规划与设计调查及研究——包括住区规划结构、交通道路系统、景观绿化系统、公共配套设施、户型及单体设计等，以及住区经济技术指标等基础资料的收集与实地考察调研。

（2）长江三角洲示范工程中现有绿色建筑技术及其应用状况的调查及研究——包括绿色示范工程中采用的主要技术措施、应用的比例、技术手段及成熟程度、实施难易程度、经济效益分析、使用后评价等方面。

（3）居民对绿色建筑技术认可度和满意度的调查研究——采用问卷调查和入户个案调查相结合的方式，对居民关于绿色建筑的认识水平、绿色建筑技术应用的满意度及希望达到的绿色建筑质量标准等进行研究。

（4）绿色建筑技术管理、成本及经济效益的调查研究——采用与房地产开发公司主管人员、工程技术人员访谈与交流的方式进行调研，同时咨询物业管理公司人员的意见，从物业管理公司获取绿色建筑工程项目使用运营的第一手资料。

2. 长江三角洲绿色建筑示范工程的横向比较与研究

对上述调查研究的典型个案进行横向对比研究，找出共同的规律，得到量化指标研究的第一手资料，并与《绿色建筑评价标准》进行比对，对其在长江三角洲示范工程中应用的适宜性进行评价。同时找出不同规模、大小的绿色住区设计中应当采用的适宜技术。

3. 长三角地区绿色建筑示范项目的量化指标评估与分析研究

主要采用计算机模拟技术及实际检验手段对示范工程项目进行量化评价与研究：

（1）利用计算机辅助设计软件如 ECOTECT、AIRPAK 对示范工程的规划设计方案进行模拟分析，对室外日照环境、温度环境、通风状态（如风向、风速、风压）等状况进行模拟，提出规划设计方案的修改意见，为今后规划设计层面的绿色设计手段介入提供参考依据。

（2）利用 AIRPAK 软件对住区室内空气环境中的风向、风速、风压、风量等进行模拟检测，对住宅户型设计方案提出修改意见。

（3）对室内物理环境包括温度、湿度、噪声环境、光环境等影响室内舒适度的方面进行实验观察和检测；对室内污染物如甲醛、挥发性有机物（VOC）、苯、甲苯和二甲苯等含量进行检测。

（4）利用 ENERGYPLUS 软件对示范工程中的能耗进行检测及计算。

4. 绿色住区物质空间形态及其表现形式研究

通过调研分析，提出物质空间形态的设计策略，并应用于具体的工程实践中。将具体的绿色建筑技术与建筑设计充分结合起来，进行优化设计，达到各种绿色关键建筑技术与建筑的一体化设计，如太阳能光伏建筑一体化（BIPV）设计，太阳能热水器与建筑一体化设计，外遮阳与建筑一体化设计，建筑外墙的水平绿化及垂直绿化设计，屋顶花园、空中花园设计等。

1.5 本书概述

本书主要包括五个方面：

第一部分：绪论。主要介绍课题的研究背景、研究目的以及研究意义；国内外研究现状以及研究方法、研究内容等。

第二部分：绿色住区调研以及案例分析。针对长三角地区已获得绿色建筑评价标识及作为绿色建筑示范工程和低能耗示范工程的住区项目进行实地调研，发现绿色住区中存在的问题。从住区区位、交通、景观、建筑单体及绿色技术使用层面进行深入调研、分析和总结，提出需要解决的问题并给予一定建议。

第三部分：规划设计层面的研究。从住区规划设计理念、空间结构，住区规划住栋布局与通风研究，住区交通系统及地下空间的开发与利用，住区景观系统水的生态处理、住区雨水回收利用、热岛与绿地景观，以及从节地角度探讨合理的居住用地指标等方面对绿色住区进行研究。

第四部分：建筑设计层面的研究。建筑单体设计层面将着重从外围护结构的保温、建筑遮阳以及建筑平面与通风关系的研究这三个层面展开论述。

第五部分：绿色建筑技术适宜性评价。总结各部分报告的主要结论，对《绿色建筑评价标准》提出修改建议，对需要进一步研究的问题找出方向。

2 长三角绿色住区案例分析与研究

　　2010 年至 2011 年，课题组选取了在长三角地区获得星级绿色示范住区及绿色技术使用较为集中并且已经有居民入住的住区进行了深入的调查研究。首先，通过普遍性了解和文献研究，掌握长三角地区城市发展，了解绿色住区建设的现状，总结已有的相关研究成果，形成对长三角地区绿色示范住区的初步认识；然后，对长三角绿色示范住区按照《绿色建筑评价标准》加以分类总结，形成调研问卷和现场调研目标；接下来，按照绿色住区主要分布的地区进行现场调查——分为普遍调查和重点调查；最后，整理调查得到的数据资料，加以分析整理，从问卷和数据中发现现有问题的内在原因和潜在解决途径。

2.1　区域方位

　　本课题组调查研究的长三角地区绿色示范住区，分布在上海、南京、苏州、无锡、常州、扬州、杭州、南通等城市。其中，集中有较多绿色住区的城市为南京、上海、苏州、无锡。在所调研的 29 个绿色示范住区中，约 60% 的项目位于主城区外或新城开发区；40% 的住区位于城市主城区，其中常州、海安的绿色住区项目均位于主城区，且离市中心较近。

　　南京选取的 5 个绿色住区，有 2 个位于南京主城区：聚福园位于鼓楼区龙江板块，距离南京市中心新街口的距离为 4.8 km；银城东苑位于河东板块，距离新街口的距离为 6 km。有 3 个位于南京的河西新城：西堤国际、朗诗国际街区及和府奥园。这 3 个项目分别距离河西新城 CBD 中心 0.5 km、1.5 km 和 2 km。河西新城建设近 10 年，各种配套和基础设施已日趋完善（图 2-1-1）。

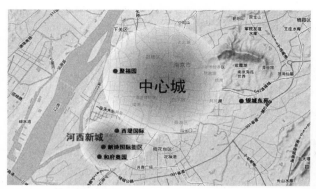

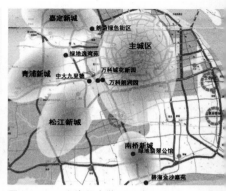

图 2-1-1　南京绿色住区分布　　　　　　　　　图 2-1-2　上海绿色住区分布

　　上海选取的 7 个住区中，有 2 个位于上海的主城区内的闵行区：上海万科朗润园和城花新园位于闵行区的七宝地块，交通和配套较为齐全。其余的 5 个住区均位于上海的郊区新城（"十二五"规划）：分别为嘉定新城的朗诗绿色街区项目、奉贤南桥新城的绿地翡翠公馆项目与碧海金沙嘉苑项目、青浦新城的绿地逸湾苑项目和松江新城的中大九里德苑项目。每个新城随着建设时间不同，成熟度有所区别。松江新城开发的时间最长，建设了超过 10 年，因此相对而言，松江新城的各种功能比较完善。其次是嘉定新城，也已经初具规模。奉贤南桥新城建设最晚，还处于起步建设阶段。除绿地翡翠公馆位于南桥新城中心外，中大九里德苑、绿地逸湾苑、朗诗绿色街区、碧海金沙嘉苑都位于新城内，距离松江新城中心、青浦新城中心、嘉定新城中心、南桥新城中心 6 ~ 10 km 不等（图 2-1-2）。

　　苏州选取的 6 个住区，除了万科金域缇香毗邻苏州老城区内之外，其余均位于苏州工业园区新城。苏州工业园区位于老城区东面，经历了近 18 年的发展，已建设成配套齐全的宜居创新型、生态型新城区。其中万科玲珑湾、金鸡湖花园和朗诗国际街区环绕金鸡湖及毗邻金鸡湖 CBD 区。雅戈尔太阳城位于新城的东部，东邻沙湖生态城市湖景公园，景观较好，距金鸡湖东 CBD 区约 4.2 km。青湖语城位于新城的东北部，距金鸡湖东 CBD 区约 6 km（图 2-1-3）。

　　无锡选取的 4 个住区中，山语银城位于无锡市滨湖区的河埒口，较为偏远，毗邻无锡惠山森林公园，自然景观良好。无锡万达广场位于滨湖区的中央商务区，是集商业、办公、公寓与一体的大型综合体，区位优越，商业金融配套数目众多。无锡新世纪花园、朗诗未来之家位于太湖广场板块，距离无锡市中心的距离分

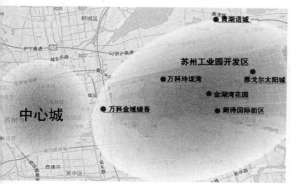

图 2-1-3　苏州绿色住区分布

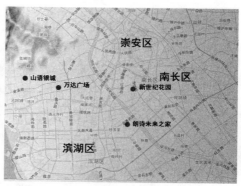

图 2-1-4　无锡绿色住区分布

别为 1.9 km 和 3.6 km，地理位置优越，交通便利且配套齐全（图 2-1-4）。

扬州帝景蓝湾花园位于邗江区江阳中路南侧，扬州第二城板块核心，周边有政府规划的大型人工湖——碟湖和百米地标建筑金天城大厦，距离城市中心区 3.6 km。京华城中城位于扬州市新城区，是集商业、教育、休闲、居住于一体的大型综合社区，以住宅配合城市功能导向作为商贸新城中心的基础建设，北面的明月湖是扬州新城区的标志景点，景观好。

杭州金都城市芯宇位于市中心文一路与教工路交会处的文教圈，距西湖 3 km，距商业中心武林广场 3 km，距黄龙体育中心 1.8 km，距市政府 2 km。交通十分便利，各种配套设施完善。欣盛东方福郡位于杭州市拱墅区申花板块的核心区域，规划有地铁站口，紧邻新武林商业圈和城西银泰购物中心，加上毗邻浙江大学紫金港校区，人文气息浓厚。

2.2　区域公共交通

公共交通是促进低碳出行、建设生态城市的重要方面，住区作为城市的基本细胞，处理好与公共交通的关系十分重要。《绿色建筑评价标准》明确提出，绿色住区选址和住区出入口的设置应方便居民充分利用公共交通网络，住区出入口到达公共交通站点的步行距离不宜超过 500 m。为了解实际情况中各住区与公共交通的关系，我们对长三角地区的调研样本进行了统计。发现距住区入口 500 m 拥有 1-3 个公交枢纽的占 66%，4 个及 4 个以上公交枢纽的占 24%，仅有 11% 的住区距公交站点超过 500 m；在拥有地铁枢纽的城市中，有 26% 的住区入口距地铁枢纽 500 m 内，其余住区均依靠住区班车或公交系统中转至地铁枢纽。根据统计情况，约有共计 89% 的住区符合居民出行便捷的标准（见表 2-2-1）。

表 2-2-1 公共交通站点个数与住区入口个数分析表

距入口 500 m 内公交车站点个数	0 个	1 个	2 个	3 个	4 个	4 个以上
入口距公交车站点 500 m 内的住区个数	3 个	7 个	6 个	6 个	4 个	3 个
占总数的百分比	10%	24%	21%	21%	14%	10%

但是在调研过程中，即便距公交站点步行距离较近的住区，同样有居民反映出行并不便捷。在对这些住区的区位、规模、规划布局等条件进行总结比对后发现，主要有以下三种原因影响这些住区：① 住区处于城市边缘；② 住区规模较大；③ 部分住栋到住区入口的距离过远。

处于城市边缘地带的住区，周边的交通配套往往无法与市中心相比，既远离轨道交通枢纽，又远离地面公交枢纽，为出行带来不便。在对这些住区周边的公交车站点调研时，从部分等公交的居民的反映中发现，公交车班次少、公交车线路少是让他们感觉交通不便利的主要原因。比较偏远的住区周边会随之产生非法运营车辆，又带来一系列新的安全隐患。他们建议住区周边的公交线路最好可以保证每个公交站点均有到达市中心或是达到轨道交通车站的班次，并且适当增加车次，特别是在上下班高峰时期，以保证人们出行的便捷。部分住区如上海中大九里德采用安排驳接巴士与地铁站无缝对接的方式，来弥补住区距公交枢纽较远的问题，是解决这一问题的较好形式。

规模较大的住区会由多个片区组成，由于区域面积大、入口较多，可能存在部分入口到公交枢纽的距离较远的情况。对于这种情况，不能简单以住区出入口是否满足距公交站点 500 m 内来评判其适宜程度。如无锡山语银城，虽然有 2 个入口在公交站点 500 m 辐射半径内，但住区共设有 7 个入口，其他多个入口距公交站点较远，居民反映自己出行并不方便，呼吁物业提供短距电瓶车或者在公交站点附近增设非机动停车位来缓解这一矛盾。而同样作为大规模住区的南京西堤国际（图 2-2-1），每个片区的出入口附近均设置有公交站点，

● 地铁枢纽
● 公交枢纽
■ 住区片区

图 2-2-1 南京西堤国际周边公共交通

图 2-2-2 某住区未合理考虑住区栋到公交枢纽的距离

不远处还有地铁枢纽，因此虽然共有六个片区，居民却反映出行很方便。

另外，部分住区规划设计不到位，导致部分住栋至住区入口较远。如图 2-2-2 所示，苏州玲珑湾住区南面的住栋（黑框圈出）离南边的公交站点直线距离仅为 140 m，但是此住栋的居民若要搭乘此公交站台的公交出行，则需要步行 470 m 至住区入口，再从入口步行 500 m 至公交站台，两者相加共有将近 1 km 的距离。人的步行速度大约每小时 3 ~ 4 km，以舒适和效率的角度考虑，从家门口到最近的交通站点所用的时间最好控制在 10 分钟以内，对应的步行距离约为 600 m，因此 1 km 已经超过了人类的舒适步行距离。据居民反映，如在该住区南面或是西南面增设一个人行入口，可以大大缩短由住栋到达公交站点的步行距离，为他们提供很大的方便。由此可见，在住区规划中应该细致考量从住栋至出入口的路径问题，以保证居民出行的便捷。

作为经济和社会发展的排头兵，长三角地区在发展公共交通、鼓励低碳出行方面做出了一些切实举措。比如完善步行系统，设置专用的非机动车道连接公共交通枢纽，并在公共交通枢纽处附近建立非机动车停车位等。在杭州、苏州等城市，还较早地建立了覆盖整个城区的公共自行车租赁站，通过自助式打卡计时收费，使本地人、游客均可以方便地使用，实际反响良好。这些有益举措也影响到了住区层面，根据我们的调查，有 13% 的住区也采用在入口处设置自行车租赁点的方法，给居民到达公交站点提供另一种选择。相信通过从政府到住区再到个人的共同努力，公共交通系统将发展得更完善，低碳出行将得到更好的落实。

2.3 周边配套

2.3.1 区域配套

从宏观区位上来看，长三角绿色示范小区选址都比较好，多依附于主城区或新城区的基础配套设施。个别项目虽然较为偏远，但景观资源优越。综合来看，大部分示范小区的区域配套较为完善。下面是对各类型配套设施的调研统计情况。

商业配套设施：经调查分析，调研项目的商业配套设施，包括便利店、超市、菜场、服装店、日杂店、洗衣店、浴室、理发店等都较为齐全。位于主城区及开发建设时间较长的新城的项目周边配套设施较为成熟；开发建设时间较短的新城商业配套目前阶段还不够便利，但属于城市建设的重点地段，后期的建设开发将不断完善区域配套；有个别住区周边配套不成熟，但景观资源优越，并且这些住区自身规模较大，其住区内配套相对比较完善。

金融服务设施情况：我们发现，69%的项目在500 m 之内至少有一个储蓄所及 ATM 机，21%的项目距离储蓄所在 500 ～ 1000 m 之间，其余 10%则在 1 km 以外。其中上海朗诗国际街区周边金融配套最为缺乏，距离最近的银行有 1.5 km 之遥，居民反映去银行办理业务非常不方便。调研发现，在城市商业中心附近金融配套较为集中，所以靠近城市商业中心的调研项目就容易拥有方便的金融服务。如：常州中意宝第、无锡万达广场，在 500 m 范围内就有 8 ～ 9 家银行和 ATM 机。其余调研项目周边的金融网点数目多为 1~3 个，基本可以满足住区使用。

医疗配套设施：有医院、专门医院、卫生服务站、个人诊所、大型药店等多种形式，89%调研的住区在周边 1 km 范围内都能找到相应的医疗点，其中60%的项目距医疗设施在 500 m 步行范围之内。通过调研问卷及访谈得知，居民们认为社区的卫生服务站点只能看一些无关紧要的小病，如果自己生病还是会选择市区内的三甲或二甲医院。因此居民对这类设施的关注度不是很高，认为基本可以满足需求。居民除了关注与大型医院的距离关系外，更加关注从住区前往大型医院的公共交通便利程度。例如苏州雅戈尔太阳城周边医疗配套虽然最为缺乏，距离最近的九龙医院为 4.4 km，但是公共交通出行却非常方便——在太阳星城花园南站坐 6 站到九龙医院南站下车，步行 300 m 即可到达九龙医院，所以调研中，太阳城的居民对医疗配套的满意度适中。

教育配套设施：在周边 500 m 范围内，38％的项目至少有一个小学，48％的项目至少有一个中学；500 ～ 1000 m 内，52％的项目至少有一个小学，

38%的项目至少有一个中学；10%的项目在1 km内没有小学，14%的项目在1 km内没有中学。其中，苏州万科玲珑湾距离小学最远，距最近的小学有2.8 km，文教配套还需完善。文教配套与调研项目所在行政区域和所属板块有关，如杭州的金都城市芯宇位于城市文教圈，500 m内中学就有3个，小学有2个；南京西堤国际位于河西板块中心，500 m内有4个中学和4个小学。300 m内，只有28%的项目有区域幼儿园配套，21%的项目幼儿园在500 m内，17%的项目在500 ~ 1000 m内，主要是地块周边的幼儿园或临近小区的配套幼儿园，居民反映超过幼儿园300 m服务半径造成接送儿童不大方便。剩余34%的项目配有区内幼儿园。

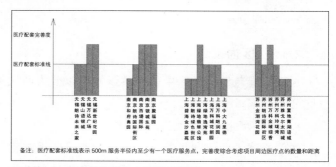

备注：医疗配套标准线表示500m服务半径内至少有一个医疗服务点，完善度综合考虑项目周边医疗点的数量和距离

图2-3-1 医疗设施配套完善度示意图

邮政配套设施：南京、上海、苏州、无锡各住区距离最近的邮局平均距离分别是1.2 km、1.5 km、1.8 km、0.7 km，这与各城市邮局分布情况有关。调查中，没有反映出居民对邮局配套设施的不满，现状分布基本可以满足居民的日常使用。这是因为居民对于邮政的需求相对其他配套较少，加上快递物流服务的兴起和普及，居民对邮局的依赖度逐渐降低（见图2-3-1至图2-3-4）。

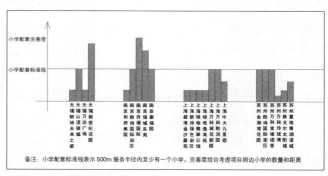

备注：小学配套标准线表示500m服务半径内至少有一个小学，完善度综合考虑项目周边小学的数量和距离

图2-3-2 小学配套完善度示意图

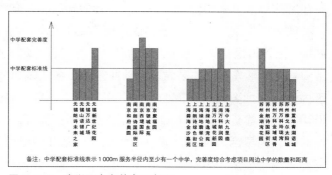

备注：中学配套标准线表示1000m服务半径内至少有一个中学，完善度综合考虑项目周边中学的数量和距离

图2-3-3 中学配套完善度示意图

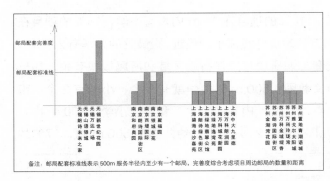

备注：邮局配套标准线表示500m服务半径内至少有一个邮局，完善度综合考虑项目周边邮局的数量和距离

图 2-3-4　邮局配套完善度示意图

2.3.2　区内配套

长三角绿色示范小区中的公共设施可以分为两大类：住区商业设施配套和住区公建设施。

1. 住区商业设施配套

如前所述，调研项目的区内商业配套设施相对完善。43％的住区区内设置商业配套，多数沿街布置，对外营业；个别项目如上海绿地翡翠公馆、无锡万达广场是居住商业综合体，下层集中商业，对周边服务。调研发现，居民对商业的依赖度较高且区内商业网点可以完善所在区域的商业配套，对公共社会资源具有积极的补充作用。如上海万科城花新园三期准备沿地铁线建造大型配套设施，引入大型商场、超市、餐饮、宾馆等，满足住区内居民日常生活需求的同时，也服务于七宝地块，进一步完善上海虹桥圈的商业配套。

2. 住区公建设施配套

住区内公建设施配套主要涉及会所、幼儿园，会所往往具有健身、娱乐、休闲、运动等功能，43％的项目区内配有会所，其中33％配置游泳池和网球场等，调研中发现，由于住区封闭式管理的需要，区内公建设施配套主要针对业主开放，对住区外部人员限制使用，不具有对社会开放、补充地区设施配套的功能。

调研中发现，34％的项目区内配有幼儿园，其中6个项目（杭州金都城市芯宇、无锡山语银城、苏州万科玲珑湾、苏州雅戈尔太阳城、苏州置地青湖语城、上海碧海金沙嘉苑）的区内配套幼儿园成为各住区300m范围内唯一的幼儿园。区内幼儿园主要是提供区内业主孩子入托、学前教育、看管儿童等功能，多数沿边布置且靠近住区出入口，对所在住区居民而言，有距离较近接送方便且接送时间较为灵活等优点，调研中发现区内幼儿园对外招生的情况较少，但幼儿园是社会性资源，考虑到教育资源的公平性和就近原则，应该作为所在小区周边地块文教配套的组成部分。

2.4 经济技术指标

2.4.1 容积率

从图2-4-1可以得出，长三角绿色示范住区的容积率范围在0.77～3.0，其中1.5～1.8和2.4～2.8这两个阶段非常集中，均占28%，前者主要以小高层为主，后者主要以高层为主，小于或等于1.5的低密度住区和大于或等于2.8的高密度住区分别占14%和17%。

2.4.2 绿地率

从图2-4-2可以得出，绿标中规定绿色示范住区的绿地率要高于30%，而长三角绿色示范住区绿化率远远高于30%，其62%的调研项目超过40%，17%的项目超过50%。

2.4.3 占地面积

从图2-4-3中可以得出，51%的住区占地面积集中在3万～10万m²之间，20%的住区占地面积位于10万～20万m²之间，17%的住区占地面积位于20万～30万m²之间，12%的住区占地面积超过30万m²以上。其中超过10万m²的住区内部多会划分几个小的单元，以此组成大的住区。

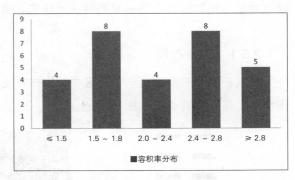

图2-4-1　29个调研项目容积率分布情况

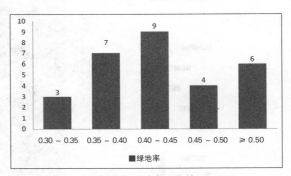

图2-4-2　29个调研项目绿地率分布情况

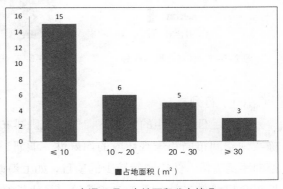

图2-4-3　29个调研项目占地面积分布情况

2.5 规划结构

住区规划结构主要涉及住栋布局、道路系统、停车设施、景观设置等物质空间层面，这几个部分相互独立，却又密切关联，是住区规划设计中的重中之重。经过对长三角地区各个调研案例的统计研究，得出了各部分的现实情况。

2.5.1 住栋布局

在调研的长三角绿色示范住区中，住栋布局大致可分为：行列式、错列式、围合式、集约式等类型（图2-5-1）。

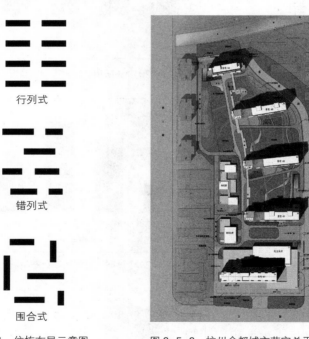

行列式

错列式

围合式

图2-5-1 住栋布局示意图　　图2-5-2 杭州金都城市芯宇总平图

（1）行列式

在满足日照间距的情况下，住栋规则排布，不强调主次关系，保证每个住栋实现空间布局和景观环境的均好性。调研过程中发现，行列式多用于场地东西向距离有限、住栋数量较少的项目，如上海朗诗绿色街区、苏州金湖湾花园、杭州金都城市芯宇（图2-5-2）等，是比较经济有效的总图布局方式。

（2）错列式

住栋错落排布，改善了行列式均质化的空间布局，满足日照间距的同时，还有利于自然风在住区内部的流动，从而改善住区整体通风环境。错列式是调研项目中使用较多的住栋布局形式，如南京聚福园（图2-5-3）、无锡山语银城、上海万科朗润园（图2-5-4）等。从实际运用情况看，错列式是长三角地区较为适宜的建筑布局。

图2-5-3 南京聚福园总平图

（3）围合式

利用多个建筑形体形成半封闭的围合空间，通过建筑形体进行转折或者设置部分东西朝向住栋来实现，具有较好的空间感。如南京朗诗国际街区，通过南向、东西向的多栋板式单体形成"风车式"围合布局，楼距基本超过50 m，有大面积的公共绿地，空间形态十分自由。该案例中，得益于可变外遮阳卷帘和良好的围护墙体，其东西向住栋可以接受东西晒问题。

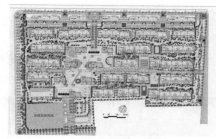

图2-5-4 上海万科朗润园总平图

（4）集约式

上海绿地翡翠公馆（图2-5-5）、无锡万达广场（图2-5-6）等采用了集约式紧凑型布局，其特点是项目地段较好，容积率高（2.6～3.0），地下空间开发程度大（地下停车场和商业街），公建配套设施和住宅混合布置，是较为节地的住栋布局方式。该类型同时存在着公共绿地和户外互动场地不足的缺点。

图2-5-5 上海绿地翡翠公馆总平图

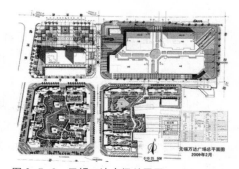

图2-5-6 无锡万达广场总平图

（5）片块式

如南京西堤国际、朗诗国际街区等项目，具有规模大（占地均在 10 hm² 以上），多片区分期开发的特点，往往通过城市道路连接各个片区，每个片区结合地形和周边环境来进行灵活布局。

2.5.2　道路系统

1. 道路布置形式

住区内部道路的布置形式有贯通式、环通式、尽端式、混合式、方格网式、分枝式等方式。环通式在布局上使小区主路在区内形成环通形道路，其特点是交通组织便捷，但增加了各组团间的过境交通。与之相比，尽端式、半环式及分枝式等使各组团间的影响比较小，但由于会增加居民的出行路程，需要在住区规划设计中设置完善的步行系统加以缓解。

长三角地区住区多采用贯通式、环通式、尽端式这三种道路布局方式。调研案例中，有 63.3% 住区采用贯通式道路，56.6% 住区采用环通式道路，23.3% 的住区采用尽端式道路（图 2-5-7）。其中大多数的住区均会同时采用贯通和环通式道路作为主要车行道，以更好地辐射整个住区内部。

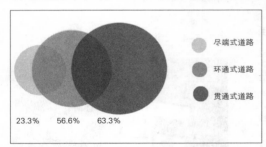

图 2-5-7　住区道路形式使用比例

2. 交通组织形式

居住区的道路系统根据不同的交通组织方式基本上分三种形式：①人车交通分流的道路系统，简称"人车分行"。②人车混行的道路系统，是一种最常见的居住区交通组织体系，简称"人车混行"。③人车部分分流的道路系统。

当下住区的道路基本采用以上三种形式，在对绿色住区调研样本进行统计后发现：20% 的住区拥有人车并行的道路，此住区规模多为 10 万 m² 以上；63% 的住区采用了局部人车分流的道路，这部分住区规模多在 4 万 ~ 10 万 m² 之间；17% 的住区在入口处或是外围设置了地下停车场入口，地上只设置了隐形消防通道，平时以人行为主，禁止行车，这部分住区规模多为 3 万 ~ 4 万 m²。

在规模较大的住区，若采用人车分流的模式会造成道路面积过大，影响住区用地经济性，还可能造成停车到入户路径过远的情况。在调研过程中，部分居民认为在住区内部适当采用人车混行的道路系统，使机动车可以进入住区，会使他们感觉更方便。但是部分人车混行的住区存在一些问题：由于未专门设置人行步道，因此机动车占用人行步道行驶，人们行走于道路两侧会存在一定的安全隐患。

在小规模的住区内，多采用人车分流道路系统。其中，17% 的住区将机动车控制在组团之外，在住区入口设置地下停车场进出口，让住区形成车与人各自独立存在的路网组织系统。这样的住区地下停车场的范围可以覆盖小区的全部住栋，满足住栋平日的货物运输、人员进出，居民普遍表示这样的方式出行便捷。

另外，63% 的住区采用局部人车分流的状态，即外围主环路是人车共行，中心部分居民的活动场地为纯步行，内禁止车辆通行，确保住区居民活动场地的安全性，让居民在舒适的景观空间内活动（图 2-5-8）。居民普遍满意此规模住区的"大合流，小分流"的道路路网模式，认为这样的模式既提高了交通安全性，又降低了停车到入户距离过远情况的发生。

3. 道路断面形式

通过数据我们可以得出，若将住区看成一个或多个组团，道路适宜分为三种类型：环绕组团的车行道，组团间可通消防的人行道（图 2-5-9），景观人行步道。其中，55% 的住区采用车行道侧边设置地上停车位，部分宽度 7.5 m 或 7 m 的车行道一侧为宽 1.2 m 左右的人行道，另一侧为宽 2.5 m 左右的地上停车位，将一条道路赋予了三种功能，节约了用地面积，推荐较大规模的住区采纳。这样的道路形式多作为住区周边主环绕型道路，多为住区主要车行道。局部人车分流的住栋组团主要交通道路为可通消防车的人行道，部分住区人行

图 2-5-8　杭州金都城市芯宇使用局部人车分流　　图 2-5-9　可通行消防车的人行道

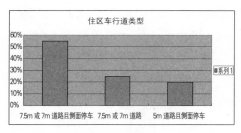

图 2-5-10 住区车行道路类型分布

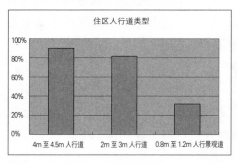

图 2-5-11 住区人行道路类型分布

道中间 2 m 采用透水铺地，两侧各 1 m 采用植草地坪或是植草格铺地，平时作为绿化景观，应急时作为消防通道；景观道路多为 2 m 左右和 0.8 m 左右的道路（图 2-5-11），作为辅助道路较为适宜，作为住区各景观节点的辅助景观轴线，可以增强住区步行的趣味性。住区车行、人行道路类型分布见图 2-5-10 和图 2-5-11。

通过调研反映，我们发现，当下住区也存在道路断面宽浪费用地的情况。部分住区有道路断面宽度为 7 ~ 7.5 m 的双车道，但是其机动车在入口处就下入地下车库，或是地面车辆较少，即使是两辆机动车慢速会车，也不需要如此宽度的车行道。因此，在一定程度上浪费了住区的面积。

2.5.3　停车设施

住区内的停车设施包括地上停车场、地下停车库和非机动车停车场三个部分，通过对长三角地区住区内部停车设施的调研，可以发现下面一些特点。

1. 地下停车库应用率高

100% 的住区设置地下停车场，其中有大约 41% 的住区采用了阳光车库的形式（图 2-5-12）。这些阳光车库多采用有限的自然采光井，对节约照明能源的效果有限，主要为解决传统全封闭地下车库存在的封闭单调、与世隔绝、阴暗潮湿等问题，一定程度上提升了车库空间体验感，受到居民的普遍好评。住区中，所有的半地下停车场均设置了景观绿化，以此消解停车场内较为压抑的空间氛围，同时也取得美化外部环境的效果。

2. 多数住区采用地上、地下停车相结合的形式

大约 59% 的住区设有地上停车场，在这些地上停车场中，54% 采用植草格的形式，27% 采用植草地坪（图 2-5-13），9.5% 采用透水铺地的形式。同时，通过对地上停车位生态处理方式的调研，我们可以了解到透水铺地已经开始运用，由于其中不少住区使用的是价格便宜、透水性差的植草砖，造成雨天车位

图 2-5-12　南京银城东苑地下车库采光口

图 2-5-13　上海中大九里德苑植草砖停车位

积水、地面泥泞，而在部分采用植草地坪、植草格或是渗水铺地的住区中，居民并未反映出现这样的情况。

地上停车场的设置易使住区出现停车混乱的现象（图 2-5-14），由于将车停在地面比停到地下车库省力，很多未分配到地面车位的居民会直接将车停在道路上，影响道路交通。据统计，大约 13% 的住区会出现车

图 2-5-14　无锡新世纪花园的停车乱象

辆占用车行道和人行道的情况，这一现象带来安全隐患的同时会大大影响住区的景观效果。出现乱停的住区位置主要集中在以下两个区域：①车辆停靠在住栋山墙边的车行道上，往往这些道路两侧未设立地上停车位；②车辆停靠在住栋的北侧核心筒入口处，这样的情况出现在未进行局部人车分流，并在住栋北面设立地上停车位，当这些停车位被停满时，为了方便，就会有居民将车停靠于住栋入口。

部分住区采取的以下几种停车方式值得参考：①预留足够的停车位数量，以此来满足未来机动车数量的增长空间；②在住区的入口处设置地下停车场，让进入住区的机动车以最近最方便的方式进入地下车库；③在环通整个住区的车行道两侧或是单侧设置地上停车位，以方便住区居民就近停靠机动车后回家；④避免在住栋北面设立地上停车位，多采用局部人车分流的状态，将住栋间的道路设置为人行通道，只允许消防车进出；⑤加强对住区的管理，以此保证住区环境质量品质。

3. 多数非机动车停车场设于地下

约 36% 的住区规划了地上非机动车停车处，其余住区均将非机动车停放点就近设置于地下车库。目前，地下车库存在利用率低、停放混乱等问题，甚至被居民私自用来堆放杂物。由于很少有住区设置专门的地面停车场，存在大量在地面随意停放非机动车的现象，部分住区的架空层活动空间都被挤满非机动

车，这直接影响了正常的生活环境。调查发现，大多数居民并不愿意将非机动车停入地下，他们认为将非机动车停放在地下车库取用不便，不如就近停放在地面上省力。据居民建议，如果能在住栋入口附近设置遮阳防雨的非机动车车棚（图 2-5-15），或是在架空层中开辟专门

图 2-5-15 上海朗润园地上非机动车停车棚

的空间作为停车区域，会有助于解决乱停乱放的问题。

2.5.4 景观设置

景观系统是住区规划结构的重要组成部分。景观系统设计并非只是在空地上配置花草树木，而是一个集总体规划、空间层次、竖向设计、花木配置等多因素为一体的综合概念，这其中，绿化景观、活动广场和水景作为景观要素的作用一直较为突出，因此选取三者作为景观系统的调研要点。

1. 绿化景观

长三角地区日照充足、气候湿润，适合植物生长。在南京、无锡、上海等长三角城市的住区中，绿化景观基本实现了以乡土植物为主，如香樟、银杏、杉树、桂花、竹子，以及各类果树等，构成乔、灌、草结合的多层次绿化景观。绿化率方面，住区的绿地率均达到不低于 30% 的标准，每百平方米绿地面积的乔木量也均达到甚至超过不小于 3 株的标准。约有 20% 的住区使用了立体绿化，主要集中在建筑山墙面、地下车库出入口顶面、车库屋顶等位置，尽管有部分住户在多层住宅的屋顶平台上种植少量植物，但建筑屋顶的整体利用率仍然很低。

2. 活动广场

长三角地区住区内部均拥有各类型活动广场，功能以游戏、健身、休憩为主。这其中，约有17%的住区将游戏、休憩等空间置于底部架空层，约有70%的住区拥有较大型的集中活动广场（图2-5-16）。集中活动广场多由铺装、绿化作为地面材质，部分会引入水体或喷泉景观，以进一步增强空间活力。约有72%的高层住区采用中心围合式的景观系统，住栋中间为中心景观广场或是中心水景，不仅利于高层住户的景观视野，也自然地形成一个公共活动中心，吸引人们前往活动。

3. 水体景观

据统计，长三角地区90%的住区拥有水体景观，其中，11%的住区为自然水体，89%的为人工水体。由此可见，在素有围水筑园传统的长三角地区，水景是住区景观系统中广为人们喜闻乐见的形式。拥有水体的住区中，92%的住区拥有面积在200 m² 以上的大中型水域（图2-5-17），8%的住区为微小型水域。调研发现，水体的深度若在50 cm以下，基本为微小型水域的水体，因为这样的水体便于采取机械换水和人工清理；住区的水体深度如超过50 cm，则多为大中型水域的水体，这其中，使用人工湿地等生态技术的水体仅有14.8%，大部分水体依靠机械换水来维持水的清洁程度，水质较差。

图2-5-16　苏州雅戈尔太阳城中心景观广场　　图2-5-17　南京银城东苑中心水景

2.5.5　底层架空

架空层在住区中的设置目的来源于方方面面：改善住区风环境，缩短日照间距，增加可遮阳、避雨的公共活动空间等，不论设计初衷为何，往往可以同时取得多种效果，使用效益很高。按不同的分类方法，可以将架空层分为不同的类型：根据实际用途不同，分为休闲娱乐、景观绿化、停车、交通等；根据架空形式不同，分为地面1层局部架空、地面1层全部架空、2层局部架空等；根据设置方位不同，分为沿街架空、沿水架空、中心区架空等。架空类型的选择，主要取决于其设置目的，同时也是对多方因素进行比较权衡的结果。

实地调研发现，在长三角地区具有代表性29个绿色示范住区，有15个运用了底部架空的建筑形式，比例达到了41%（表2-5-1）。这11个案例均为高层或小高层的高密度住区类型，架空层的设置改善了住区公共活动用地的紧张局面，缓解了"高楼森林"中的封闭拥堵感，受到使用者的欢迎。但与此同时，由于功能定位、界面设计、设置方位等方面处理不当，架空空间并不是总能发挥出最佳效能，而是在使用中暴露出诸多的问题。从这些调研案例来看，问题主要集中于通风和使用两方面。

表2-5-1 长三角地区住宅底部架空情况统计

住区名称	架空形式	设置方位	主要空间用途	使用情况
上海万科朗润园	1层局部	沿中心绿地	绿化	非机动车停车
苏州万科尚玲珑	1层全部	住区中部	健身、绿化、采光井	正常
苏州金湖湾花园	1层全部	住区中部	绿化、休闲	正常
苏州雅戈尔太阳城	一层局部	沿中心水系	绿化	非机动车停车
常州中意宝第	1层全部	住区中部	非机动车停车	正常
无锡万达广场	1或2层全部	沿中心水系	休闲	非机动车停车
无锡朗诗未来之家	1层全部	住区中部	游戏、健身	正常
无锡新世纪花园	1或2层局部	住区中部	休闲、车行通道	使用率低
无锡山语银城	1层局部	沿中心水系	休闲	非机动车停车
南京朗诗国际街区	1层局部	沿街单栋	游戏	正常
南京西堤国际	1层局部	沿中心绿地	休闲	非机动车停车
南京和府奥园（未完工）	一层全部	住区中部	未知	未知
杭州金都城市芯宇	一层全部	整体架空	绿化 休闲	正常
扬州帝景蓝湾	一层局部	整体架空	健身 休闲 绿化	正常
海安中洋现代城	一层局部	住区中部	健身、绿化、休闲	正常

通风层面存在的问题主要有：对架空空间的高度缺乏研究，实际案例中架空空间多与楼层同高度，缺乏针对通风的适应性设计；未充分考虑结构对通风的影响，由于架空层内呈现出大量下落的剪力墙，它们的走向杂乱不一，限制了空气流动；景观设计未考虑对架空层通风的影响，宅前绿化阻挡风路的情况

比较严重；架空层未考虑冬季风的屏蔽，导致冬季使用率低。由于缺乏可变性，个别将架空层用玻璃封闭起来的做法反倒导致架空层无人问津。

使用层面存在的问题主要有：功能定位考虑不周全，休闲空间往往被停车，事实证明地面停车是居民最期待的功能；功能定位与界面设计有偏差，部分休闲空间墙壁与屋顶设计过于简单，缺乏场所感、归属感，难以吸引人驻足；大部分项目架空层的利用形式单一，鲜有引入水系、做采光井等大胆设计，空间不具有足够表现力，不能达到引人入胜的效果；公共可达性不强，架空层过于室内化，未考虑公众到达的便利性。

2.6　住栋平面分析

长三角地区属于夏热冬冷气候，在绿色住宅的住栋平面设计方面要兼顾夏季的自然通风和遮阳，及冬季的保温和日照——这两个方面的措施往往是矛盾的，必须在其中寻找平衡点。长三角地区是全球人口密度最大的地区之一，土地资源非常紧张，并且为了形成总体节能的紧凑型城市，如何提高容积率、节约土地，也是绿色住宅必须考虑的方面。

长三角地区的普通住区容积率一般为 1.5~3.0，为实现这样比较高的容积率，其住宅类型应该为小高层和高层。小高层住宅指 6 层以上、11 层以下的住宅，这种住宅必须设置电梯，且每个单元只需要设置一部电梯。而在这里，高层住宅不是防火规范所规定的 9 层以上的住宅，而是指超过 11 层的住宅。这种住宅的每个单元电梯数量增加到两台以上，其中由于高层建筑防火规范的有关规定，18 层以下的高层住宅和 18 层以上的高层住宅在交通核心的设计上还略有不同——18 层以下的高层住宅可以设置一部封闭楼梯间（单元式）或防烟楼梯间（塔式），18 层以上的高层住宅须设两部以上的防烟楼梯间。由于住宅对于主要由公共交通所造成的"公摊面积"十分敏感，住栋平面会根据以上不同的公共交通核心而呈现出不同的特点。

小高层住宅由于"公摊面积"较小，其标准单元设计大多会采用一梯两户的格局。"一梯两户"的住宅面宽资源较富裕，都能保证：起居厅和主卧室得到南向日照，明厨明厕，自然通风条件良好。但是，小高层住宅对土地的利用强度较低，纯粹由小高层构成的住区，容积率只能达到 1.5。

高层住宅由于公共交通核的面积大幅度增大，为了减少每个户型的"公摊面积"，其标准单元平面往往会采用一梯 3 户或一梯 4 户的布局。高层住宅相对于小高层住宅，不但大大增加了高度，而且挤压了单个户型的面宽，增加了建筑进深，所以节地效果明显：纯粹为 18 层住宅组成的住区，容积率可以达到2.4 左右；百米高层住区则可以达到 3.0 以上！这样，在单元平面中就会出现中间户和边户这两种自然条件区别较大的类型，有限的面宽和较大的进深造成它们在日照和自然通风上不如小高层户型那样的得天独厚。

通过调研，我们发现在绿色住宅方面，长三角地区目前常见的户型存在下面一些问题。

2.6.1 节能设计

1. 夏季遮阳与冬季日照：夏季，日照造成的室内升温是空调能耗增大的主要原因。目前，新建住宅已开始普及室外遮阳设施——包括遮阳卷帘和挑板、阳台等建筑构件。为了防护西晒，一般会在西面山墙上减少开窗，在小高层住宅中东西山墙一般是不设大窗子的。但是一些高层户型的边户南向面宽有限，进深较大，需要将起居厅设在东、西面，向东西向开窗以改善日照。为了减少夏季西晒的危害，常常会在起居厅外设置出挑的阳台（图 2-6-1）。

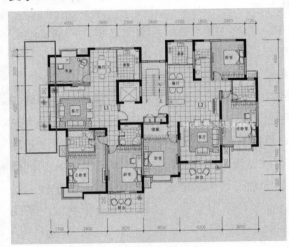

图 2-6-1 苏州金域缇香住栋遮阳卷帘与阳台设置

冬季，室内需要日照。南向各主要房间的开窗都比较大：起居厅为 2.4 m 的落地窗，主卧室的开窗也能达到1.8~2.4 m。许多主窗都采用了凸窗的形式，三面玻璃增加了采光面积。

2. 改善中间户的南北通风：高层住宅的中间户北面设有公共交通核，影响了自然通风。为了改善这一缺陷，近几年发展出一种北外廊的住栋平面模式，即将公共交通变成敞开的北外廊，使南向中间户的自然通风得到改善。为了减少外廊上交通对于住户私密性的影响，还会增加内凹的天井，将窗户对着天井开（图 2-6-2）。

3. 体形系数：体形系数是控制建筑能耗的重要指标。在北方地区，对住宅的体形系数有严格的限定。在长三角地区，虽然气候条件没有那么恶劣，北向墙体凸凹还是会造成能耗较大。调研中我们发现，很多户型在北向设计了内凹的阳台，增加了北向墙面的面积。这种内凹阳台其实是一种地产促销手段：可以让住户用玻璃封闭该阳台，形成一间小房间。通过玻璃封闭，虽然改善了原设计的体形系数，但二次施工的落地玻璃窗在密封和节能方面都效果不佳。另外，长三角地区的住宅都要求明厨明厕。厨房需要对外开敞是使用天然气的强制要求，但厕所的换气是可以通过机械排风方式解决的，其每天所需照明时间也非常有限。户型设计中为了保证"明厕"，往往要制造出深深的凹槽，大大增加体形系数。如镇江某住区的这种一梯四户的住栋平面，中间户的两层边墙都有较深的凹槽，以满足起居厅、厨房和厕所的开窗，大大增大了体形系数，对此造成能耗的增加（图2-6-3）。

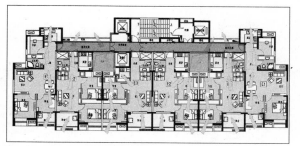

图 2-6-2　北外廊式住栋平面图

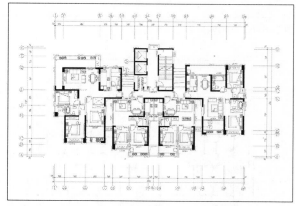

图 2-6-3　凹槽较多的住栋平面图

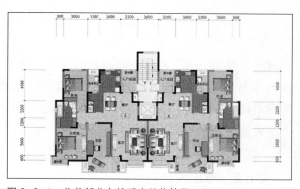

图 2-6-4　公共部分自然采光的住栋平面图

4. 公共部分的自然采光：公共部分是人们使用最为频繁的部分，其照明能耗大有节约潜力可挖。大部分住栋设计做到了公共部分的自然采光，这样，白天就不需要人工照明了。而且，有自然光线的公共部分也会改善住户回家的心情（图2-6-4）。

5. 提高电梯利用率：住宅公共能耗最大的源头是电梯，出于成本考虑，住

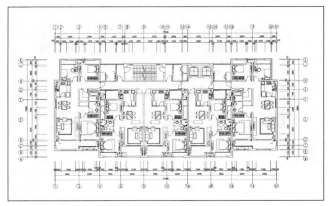

图 2-6-5　一梯六户的住栋平面图

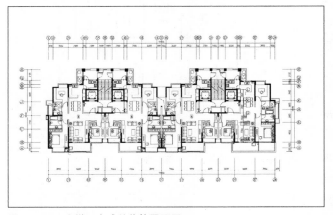

图 2-6-6　电梯入户式的住栋平面图

栋平面的电梯数量一般是根据规范的下限设置的。零星的人员使用，造成电梯过多空置上下，或仅运输一两个人进行频繁上下，能耗更高。所以，为了降低能耗，希望能提高电梯的利用率。目前，为了方便紧急救护，每个单元必须有一部大尺寸电梯，这样提高了电梯在高峰时期的运营能力，为适当减少电梯数量提供了前提条件。在无锡某住区的小户型住宅中，每个单元增加到一梯六户，采用通廊式的交通，配置两部电梯，相对于普遍为一梯三户和一梯四户的住宅，增加了电梯的利用率（图 2-6-5）。在对苏州某住区的调研中我们发现，高层住栋为了创造电梯入户的尊贵感，将两部电梯分开布置，减少了双电梯根据指令调控的机会，增加了空置上下的次数，会造成能耗增加（图 2-6-6）。

2.6.2　节地设计

1. 平面南向轮廓平整：一梯三户和一梯四户的高层户型，平面上南向墙面，中间户容易比边户突出较多，如南京某住区的高层住栋（图 2-6-7）。这种作法在高纬度地区可以充分利用土地——在华南甚至常见十字形、蝴蝶形的住栋平面；但是在长三角地区，日照计算较为苛刻，中间户的突出会遮挡边户的日照，也就是所谓的"自遮挡"现象。对于这样的住栋，为了取得充足日照的条件，只能在总图布置上拉大楼间距，造成土地的浪费。在调查中发现，许多近期设计的住栋已认识到这点，将中间户后退，保证南向立面基本平整（图2-6-8）。

2. 住栋设计通过精心推敲，在保证符合规范要求的前提下，可以减少公共交通的面积。比如：将电梯厅的空间与过道重叠（图2-6-9）、楼梯的回转空间与过道或户门前空间重叠（图2-6-10）；还可以利用剪刀梯在两个方向可疏散的原理，通过在北阳台设置户型的第二个专用疏散口来实现每户的双向疏散，将疏散过道面积消化在户型内部（图2-6-11）。这样合理节约了公摊面积，使住栋平面更为紧凑，也是节地的措施。

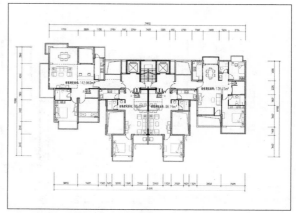

图 2-6-7 南京某高层住栋平面图

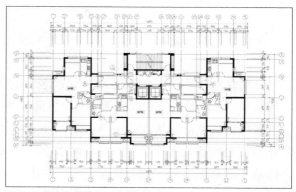

图 2-6-8 苏州某住区住栋平面

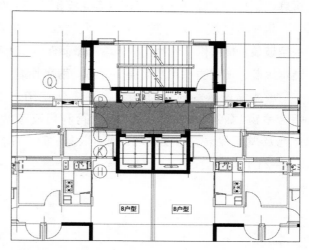

图 2-6-9 电梯厅公共空间与过道重叠

图 2-6-10　楼梯的回转空间与过道或户门前空间重叠示意图

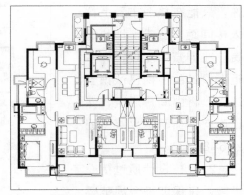

图 2-6-11　每户双向疏散示意图

2.7　绿色技术

针对绿色技术在长三角地区 29 个绿色示范住区中的应用情况调查主要从技术普及率、用户感受度和成本增量三个方面展开，整体调研结果为：

绿色技术使用率从大到小排列为：外墙外保温、断热铝合金窗 LOW-E 中空玻璃、透水铺装、外窗外遮阳、雨水收集、太阳能、架空层、阳光车库、隔声门窗、再循环材料、地源热泵系统、中水回用、节能电梯、钢结构和无梁楼板等先进结构体系、立体绿化、室内高效收纳体系、同层排水、屋顶遮阳、下沉庭院、机械立体停车等（图 2-7-1 至图 2-7-20）。

用户感受度从高到低排列为：立体绿化、架空层、断热铝合金窗 LOW-E 中空玻璃、精装修、外遮阳、外墙及屋面保温、太阳能、新风系统、阳光车库、透水铺装、旧物再利用及可循环建材、雨水收集、垃圾分类等（图 2-7-21）。

成本增量从多到少排列为：外窗外遮阳、立体绿化、新风系统、断热铝合金窗 LOW-E 中空玻璃、旧物再利用及可循环建材、中水回用、太阳能、外墙及屋面保温、垃圾处理、雨水收集、阳光车库、架空层、透水铺装等（图 2-7-21）。

图 2-7-1　外墙及屋面保温普及率示意图

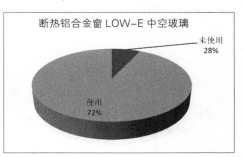

图 2-7-2　中空玻璃窗普及率示意图

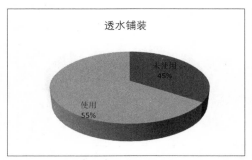

图 2-7-3　透水铺装普及率示意图

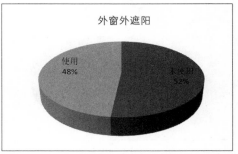

图 2-7-4　外窗外遮阳普及率示意图

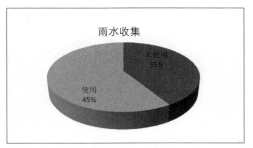

图 2-7-5　雨水收集普及率示意图

图 2-7-6　太阳能热水系统普及率示意图

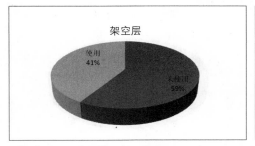

图 2-7-7　架空层普及率示意图

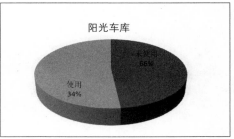

图 2-7-8　阳光车库普及率示意图

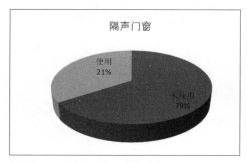

图 2-7-9　隔声门窗普及率示意图

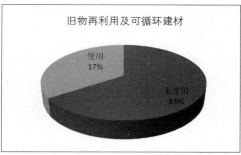

图 2-7-10　可循环材料普及率示意图

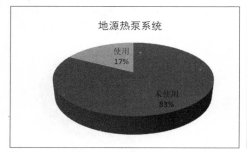

图 2-7-11　地源热泵系统普及率示意图

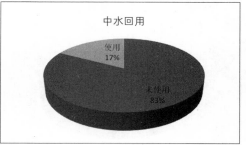

图 2-7-12　中水回用普及率示意图

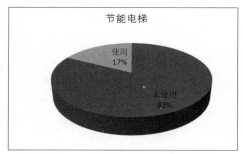

图 2-7-13　节能电梯普及率示意图

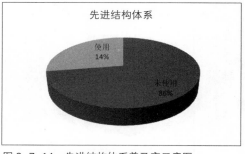

图 2-7-14　先进结构体系普及率示意图

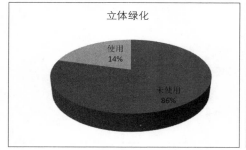

图 2-7-15　立体绿化普及率示意图

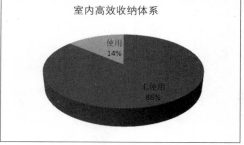

图 2-7-16　收纳体系普及率示意图

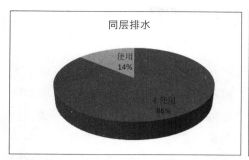

图 2-7-17 同层排水普及率示意图

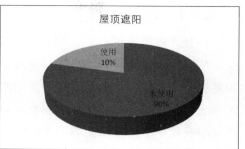

图 2-7-18 屋顶遮阳普及率示意图

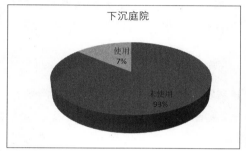

图 2-7-19 下沉庭院普及率示意图

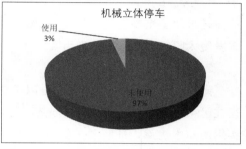

图 2-7-20 机械立体停车普及率示意图

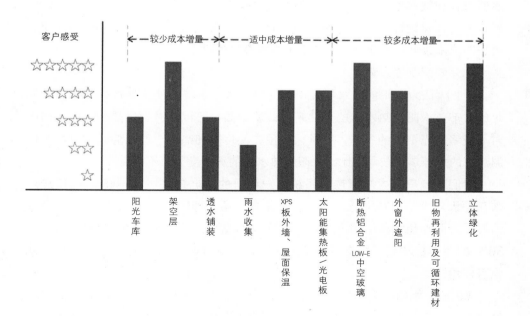

图 2-7-21 绿色技术成本增量与客户感受度示意图

2.7.1 太阳能利用

1. 技术应用现状

住区中的太阳能利用形式主要为太阳能光热系统、太阳能光伏系统以及太阳能照明装置等。长三角地区以太阳能光热系统的应用最为普遍，普及率达到93％，具体体现为太阳能热水器结合电加热的混合供热模式，并分集中式、分户式以及集中—分户式太阳能热水器三种系统形式，其中集中式主要用在多层与小高层。集中式屋顶太阳能集热器采用真空管、真空热管和平板式，前两种集热器形式占70％；分户式太阳能集热器均采用平板式，设置于南向立面，用于18层及18层以上的住宅。此外，约有20％的住区采用了太阳能路灯，7％的住区采用了光导管照明装置，13％的住区采用了太阳能与建筑一体化的设计，未发现太阳能光伏系统的应用实例。

2. 现状所反映的问题

光伏系统存在生产成本高、难以实现并网发电以及能源转换效率低的问题，在住区中应用稀少。而太阳能光热系统的高度普及，体现了它成熟可靠、经济实用的技术优点，证明了其依然是目前最适宜的太阳能利用形式。个别项目进一步采用了太阳能与建筑一体化设计，如无锡山语银城采用大挑檐对屋顶的热水器进行视线遮挡，取得了良好的景观效果，但在整个长三角地区，太阳能与建筑的一体化设计未受到普遍重视。此外，太阳能路灯、光导管照明等照明装置采购成本较高，因此目前只应用于少数高端项目中。

3. 用户感受度调查

（1）认为太阳能热水器受季节影响较大，影响了使用便捷性。在阳光充足的时节，太阳能热水器的光热转换效率很高，可以随时提供热水，但在梅雨时节或者阳光不足的冬季，经常需要预先使用电加热，与可以随时提供全季恒温热水的地源热泵技术相比，太阳能热水器的舒适度显得不高。

我们对分户式太阳能热水系统住户调研的数据结果显示，48％的用户反映在冬天对太阳能热水器效果不满、基本不用；即便在其余52％反映在冬季仍使用太阳能热水器的用户中，也只有41％的用户反映"好用且热水充足"，36％的用户反映要"经常使用电加热"，23％的用户反映只是"有温水，勉强可以用"。

（2）认为太阳能一体化设计不足，影响观感。多层、小高层住区均采用将集热器装置于屋顶的做法，对于坡屋顶建筑而言，由于集热器的形式与屋顶格格不入，会严重影响住区内的景观视觉效果；对于平屋顶建筑而言，在地面高度虽然难以看到热水器，但在高层、小高层（或多层）混合分布的住区中，布满热水器的小高层、多层屋顶面会干扰到高层住户的视野（图2-7-22）。

朗润园88#楼，采用集中集热、集中辅助加热的方式，集热器采用真空管集热器，集热面积206 m²，设置140kW的电辅助加热，满足84户热水使用，设计水温60℃左右

图 2-7-22　上海万科朗润园太阳能使用情况

对于分户式系统，太阳能平板式集热器、储供热水箱设置的位置不当会引起居民的不满，这些都需要统筹考虑，进行一体化设计。例如，常州中意宝第，住栋中每户的平板式集热器分散设置在各户南向阳台栏板或卧室窗墙处，集热板 1.8 m²/户，2 m多长。调研中居民反映，集热板安装在阳台栏板处，且居中安装，基本占据了阳台栏板的整个晾晒长度。冬季阳光好时，居民想在阳台栏板上晾晒被褥，可这就会遮挡集热板，与太阳板集热产生了冲突。另外，中意宝第有的房型设计的南向阳台与卧室或客厅之间未设隔断墙，供热水箱设置在阳台角落，这就造成室内空间不美观，并让用户产生占用了房间面积的不愉快心理，引起投诉（图2-7-23）。

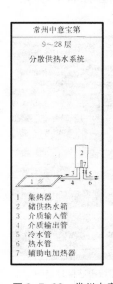

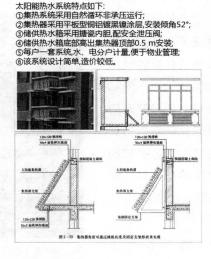

太阳能热水系统特点如下：
①集热系统采用自然循环非承压运行；
②集热器采用平板型铜铝镀黑镍涂层，安装倾角52°；
③储供热水箱采用搪瓷内胆，配安全泄压阀；
④储供热水箱底部高出集热器顶部0.5 m安装；
⑤每户一套系统，水、电分户计量，便于物业管理；
⑥该系统设计简单，造价较低。

调研反馈：
在夏季使用率高，具有良好的节能效果。但冬季水温不够，基本不适用，半数用户认为热水系统对生活作用不大。对立面的造型效果反响一般。

图 2-7-23　常州中意宝第的太阳能使用情况

2.7.2　外遮阳设计

1. 技术应用现状

外遮阳装置在长三角绿色示范住区的应用案例较少，主要分为可变遮阳卷帘、活动百叶和固定遮阳等形式。其中运用可变外遮阳装置的住区约占33%，运用固定遮阳装置的住区约占7%，大部分住区项目中仍以传统的窗帘内遮阳为主。通过比较可以发现，外遮阳装置主要应用于南京朗诗国际街区、万科金色家园、无锡朗诗未来之家、山语银城等少数高端项目，并且呈现高度集中于某开发商的现象。

2. 现状所反映的问题

相对太阳能光伏系统、地源热泵系统等绿色技术而言，遮阳构件本身的技术并不复杂，单价成本不高，但由于实际所需的大量性导致总体成本较高，因此在中低端项目中鲜有应用。此外，建筑师在住宅外遮阳设计方面缺乏足够的技术支持，对各种遮阳形式的具体效果、遮阳构件的最佳尺寸等缺乏了解，这也影响了外遮阳在住区设计中的应用。

3. 用户感受度调查

认为外遮阳设计具有很大的实际作用，显著提高了舒适度。尤其是可变遮阳卷帘，其灵活可变性既保证了在光照强烈时阻挡阳光入射，也不影响在必要的时候开窗接纳阳光，还进一步保证了住户隐私性，得到了居民的高度认可。与可变遮阳相比，固定遮阳的季节适应性较差，但其建好后不用专门打理，还可以增强建筑的光影变化效果，除个别居民不认同其外观效果外，遮阳效果基本得到认可。

4. 实例

南京朗诗国际街区及杭州金都城市芯宇外遮阳实景见图2-7-24，图2-7-25所示。

图2-7-24　南京朗诗国际街区外遮阳实景照片

图2-7-25　杭州金都城市芯宇外遮阳实景照片

2.7.3 垂直绿化

1. 技术应用现状

垂直绿化的应用率约占 20%，绿化面主要集中在建筑山墙面、地下车库出入口顶部、辅助用房屋顶等部位。在山墙面位置主要种植攀爬植物，如常春藤、爬山虎等，屋面位置主要种植佛甲草，此外还有部分户主利用屋顶自发种植少量乔、灌木。

2. 现状所反映的问题

垂直绿化技术简单，单位造价并不高，但繁重的植物养护工作大大增加了该技术的运营成本。由于植物在生长周期内易表现出无规律的生长状态，绿化效果难以控制，并且多数植物的绿化稳定性、持久性往往不能长期保持，因此需要投入大量人力物力进行养护。此外，现行政策中垂直绿化并不能计入住区的绿地率，只能成为锦上添花的技术，这削弱了开发商对垂直绿化的使用积极性。

3. 用户感受度调查

用户认为对住区环境有较大的改善效果。垂直绿化使绿化从平面的二维维度延展到竖向的三维维度，进一步增加了住区中原本有限的绿色总量，使住区内部的景观环境得到改善。除此之外，立体绿化对屋顶面、山墙面的隔热作用明显，可以有效地降低围护结构外表面的温度，使室内环境的舒适性得到提高。

4. 实例

建筑山墙垂直绿化和屋顶佛甲草绿化案例见图 2-7-26，图 2-7-27 所示。

图 2-7-26　建筑山墙垂直绿化案例　　　图 2-7-27　屋顶佛甲草绿化案例

2.7.4 可循环材料

1. 技术应用现状

可循环材料应用普及率约为 13%，虽然应用较少，但应用该技术的住区均成为当地的绿色建筑典范。无锡山语银城在项目施工之前，将场地内江南大学原有建筑的拆除工作整体承包，把可用的砖块用以砌筑施工围墙和基础砖胎膜，门窗材料经处理后回收利用。上海万科朗润园将原场地拆迁剩余的 40 余万旧砖瓦回用到小区的景观中去，用以砌筑外墙收边和园路。通过这些做法，住区不但塑造了独具特色的人文景观，也使自身形象更富于绿色环保特征。

2. 现状所反映的问题

可循环材料之所以应用率较低，一方面是国内未有成熟的废旧建材回收再利用体系，使得材料循环利用的成本并不比使用全新材料明显降低；另一方面，缺乏有力的政策对使用可循环材料的行为进行激励，并且缺乏相应的指导标准，即便是《绿色建筑评价标准》也未对可循环材料做出具体的分类。在建筑师的角度，缺乏对可循环材料的使用经验或者自身的主观认识差异等原因，同样会限制该技术在绿色住区中的应用。

3. 用户感受度调查

用户认为对舒适性并无提升，但认可其环保减碳意义。可循环材料的使用在物质空间层面的作用并不明显，其主要意义在于既可避免材料浪费，减少城市固体垃圾，又可节省对新材料的使用以赋予景观以人情味，增强场所的人文气息。

4. 实例

长三角地区住区中可循环材料的部分利用形式见图 2-7-28 所示。

图 2-7-28 长三角地区住区中可循环材料的部分利用形式

2.7.5 渗水地面

1. 技术应用现状

渗水地面是长三角地区普及率较高且成本增量最少的绿色技术，通常用于住区非机动车道路、地面停车场和园林景观道路等，新建绿色住区的室外透水地面面积普遍达到了45%以上。渗水地面的具体形式包括自然裸露地面、公共绿地、绿化地面和镂空面积大于等于40%的镂空铺地（植草砖）等。

2. 现状所反映的问题

渗水地面能使雨水迅速深入地下，减轻城市排水设施的负担，是比较适宜的绿色技术。长三角地区素来雨量充沛，尤其在本地区特有的梅雨季节，降雨量大且降水周期长，对渗水地面的使用需求性很高，该技术的高度普及率也反映了这一点。

3. 用户感受度调查

用户认为渗水地面能有效减少地面积水，适宜性较高。渗水地面作为一项低成本的技术，能显著增强雨水下渗，减少地面径流，为居民的日常生活提供了便利，同时还有助降低住区下垫面的热岛效应，因此能受到居民的欢迎。

4. 实例

长三角地区住区中透水地面的部分形式见图2-7-29所示。

图2-7-29　长三角地区住区中透水地面的部分形式

2.7.6　地源热泵

1. 技术应用现状

长三角地区位于夏热冬冷地区，地温与土质实施地源热泵均较理想，但由于地源热泵的技术成本较高，在调研案例中的应用普及率约为 27%。这些住区的共同特点为：以恒温恒湿为卖点，地段优越且售价高昂，多数属于某绿色地产集团的开发项目。

2. 现状所反映的问题

地源热泵技术带来的恒温室内环境和全季热水赋予了人们高度的舒适性，因此虽然成本较高，部分楼盘仍然热衷于以地源热泵技术作为核心卖点。但这样的住区项目整体来看仍处于少数，除了成本因素外，城市区域内的住宅附近难以获得足够的土壤换热器施工面积也是实施地源热泵主要的限制因素。此外，在对运用地源热泵技术的住区进行调研过程中，发现运营过程对该技术的效率影响很大，比如必须要有专业的地源热泵运营管理团队，否则会使土壤热平衡问题得不到有效解决，无法解决运营过程中经常存在的小温差大流量问题。

3. 用户感受度调查

用户认为大大提升了居住舒适度，但也存在不方便。地源热泵技术结合顶棚辐射采暖，可以实现高度舒适的室内环境。相对传统空调而言，地源热泵技术不但可以保持室内恒温，还避免了因产生室内气流使人不适，同时室内温度分布均匀。但由于其技术特点，室内空间需要经常保持密闭，不能自由地开窗换气，让居民感觉不便。

4. 实例

上海朗诗绿色街区的地暖系统见图 2-7-30 所示。

图 2-7-30　上海朗诗绿色街区的地暖系统

2.7.7 雨水收集

1. 技术应用现状

长三角地区存在雨量较为充沛同时区域耗水量大的双重特点，对待雨水并不适宜简单"一透了之"，因地制宜对其收集利用将富有环保减碳意义。目前该技术在长三角地区绿色住区中的应用普及率约为60%，应用较为广泛，其多体现为通过地下蓄水池收集景观绿化用水的形式，调研中也发现个别利用下沉广场充当临时蓄水池的案例。

2. 现状所反映的问题

从实际反映来看，雨水收集技术的技术成熟度欠佳。由于一些用户将洗衣机置于阳台使用，造成洗衣污水直接排入雨水落水管，这种高磷含量的水会导致景观水质富营养化。在装置构造上，目前较多的做法是在雨水管网进入收集池的入口处砌筑约10cm高的坎，当雨水量低时，雨水无法越过进入收集池，造成全年可收集利用的雨水量大为减少。此外，目前已使用雨水处理装置的项目，工程投资理论上依靠节约的水费，但实际往往要30年以上才能收回投资，远超过设备的正常使用寿命，较低的投资效益限制了该技术的进一步推广使用。

3. 用户感受度调查

用户认为该技术对生活舒适度没有影响，具有一定的节水作用但易产生水质污染。雨水收集技术富有节水效益同时利于城市防涝，但因收集池和管网渗水、设备损坏维修次数逐渐增加等多种情况，易造成景观水质恶化，部分时间段需用自来水作为景观补水和绿化用水，影响了该技术的用户感受度。

4. 实例

长三角地区住区雨水收集的部分形式见图2-7-31所示。

图2-7-31 长三角地区住区中雨水收集的部分形式（左为雨水喷灌接口，右为可变蓄水池）

3 规划层面绿标体系重要技术节点的研究

3.1 从节地角度探讨合理的居住建筑用地指标

节约用地是我国长远的基本国策。人均居住用地指标是《绿色建筑评价标准》（GB/T 50378—2006）用以判定住宅建筑节地的量化指标之一。为节约建筑用地，避免居住用地人均用地指标突破国家相关标准的情况发生，特提出控制人均用地的上限指标。

3.1.1 人均居住建筑用地指标规定

1. 概念

人均居住用地控制指标即每人平均占有居住区用地面积的控制指标。不同历史时期城市居住区指标有差异，用公式表示为：

平均每人居住建筑用地 = 平均每人居住面积定额 / 层数 × 居住建筑密度 × 居住面积系数（m² / 人）；

或：平均每人居住建筑用地 = 平均每人居住面积定额 × 居住建筑用地面积 / 总居住面积（m² / 人）。

2. 现行城市居住用地指标规定

（1）《城市用地分类与规划建设用地标准》中居住区用地指标和组成

我国人多地少且分布不平衡，东部地区经济发达、人口稠密但土地资源紧张，西部地区人口较少但生态脆弱不适宜大规模开发建设。国务院批复的《全国土地利用总体规划纲要（2006—2020 年）》指出：以严格保护耕地为前提，节约集约利用建设用地，严格控制建设用地规模，合理调整城镇用地供应结构，优先保障基础设施、公共服务设施、廉租住房、经济适用住房及普通住宅建设用地，增加中小套型住房用地，切实保障民生用地。按照规划，至 2020 年末，全国人均城镇工矿用地面积仅为 121 m²，除去城市发展必要的工业企业、公共设施、道路交通及其他基础设施用地外，能用于居住用地的土地仅为人均 30~40 m²。[①]

另一方面，国家标准《城市用地分类与规划建设用地标准》（GB50137—2011）为城市总用地规模和各单项用地规模提供了不得突破的上限，长三角地区对应的人均居住用地面积标准为 18 ~ 28 m²/ 人。

（2）《城市居住区规划设计规范》中居住建筑用地指标规定

《城市居住区规划设计规范》GB50180-93（2002 版）中，依据城市不同气候区划及居住区、居住小区和组团等三级规模，对人均居住用地指标进行了控制，见表 3-1-1。

表 3-1-1　人均居住区用地控制指标

单位：m²/ 人

规模	住宅层数	建筑气候区划		
		Ⅰ、Ⅱ、Ⅵ、Ⅶ	Ⅲ、Ⅴ	Ⅳ
居住区	低层	33 ~ 47	30 ~ 43	28 ~ 40
	多层	20 ~ 28	19 ~ 27	18 ~ 25
	多层、高层	17 ~ 26	17 ~ 26	17 ~ 26
居住小区	低层	30 ~ 43	28 ~ 40	26 ~ 37
	多层	20 ~ 28	19 ~ 26	18 ~ 25
	中高层	17 ~ 24	15 ~ 22	14 ~ 20
	高层	10 ~ 15	10 ~ 15	10 ~ 15
组团	低层	25 ~ 35	23 ~ 32	21 ~ 30
	多层	16 ~ 23	15 ~ 22	14 ~ 20
	中高层	14 ~ 20	13 ~ 18	12 ~ 16
	高层	8 ~ 11	8 ~ 11	8 ~ 11

长三角地区属Ⅲ类气候区，以居住小区为例对应的人均用地控制指标为：低层 28~40 m²、多层 19~26 m²、中高层 15~22 m²、高层 10~15 m²。

---

① 涂志华，房产税起征点何在，2010-08-26；来源：中国建设报网。

（3）《绿色建筑评价标准》中住宅建筑节地与室外环境控制项中关于人均居住用地指标的规定

在《绿色建筑评价标准》（GB/T 50378—2006）4.1.3 条中规定：人均居住用地指标低层不高于 43 m²、多层不高于 28 m²、中高层不高于 24 m²、高层不高于 15 m²。计算方法为：用地面积/总用户人数，其中总用户人数以每户 3.2 人计算。

综上所述，《绿色建筑评价标准》（GB/T 50378—2006）中规定的人均居住用地指标与《城市居住区规划设计规范》GB 50180—93（2002 版）基本一致，可见绿色住区的量化节地指标并不比一般城市住区要求更高，从绿色住区更加强调节地要求来看，应适当提高绿色住区的节地标准，制定更加严格的人均用地面积标准；另一方面，也应看到随着商品住宅大规模建设发展，人均居住建筑面积不断增长，人均居住用地指标面临失控的危险。因此，亟须对绿色住区中人均居住用地指标的合理确定进行重新探讨。

3.1.2　现有住区人均居住用地面积指标的调查

1. 江苏省居住建筑建设用地指标规定

《江苏省居住建筑建设用地指标》第 2.1 条规定：人均用地面积按照各地方有关标准执行。第 2.2 条规定：居住建筑容积率、建筑系数、绿地率应符合本文中表 3–1–2 的规定。

表 3–1–2　居住建筑建设用地指标

建设规模或类型（人数）	容积率	建筑系数	绿地率
＞ 8000	≥ 1.38	≥ 0.48	30%～35%
3000~8000	≥ 1.32	≥ 0.51	32%～36%
≤ 3000	≥ 1.27	≥ 0.53	34%～38%

《江苏省居住建筑建设用地指标》指出："人均用地面积按照各地方有关标准执行"，实际与国家标准基本一致，在进行建筑容量指标控制时是按照建设规模大小进行分类的，并进行容积率、建筑系数及绿地率控制，而不是区分不同类型、不同层数的住区分别设定指标，因而操作上不是非常科学。

《江苏省城市规划管理技术规定》（2011 版）中有关建筑基地控制指标的规定指出：城市各类建筑的建筑密度、容积率不应超过本文中表 3–1–3 的规定。

表 3-1-3　各类建筑基地密度、容积率指标

建筑类型		建筑密度（%）				容积率			
		新区		旧区		新区		旧区	
		Ⅱ类气候区	Ⅲ类气候区	Ⅱ类气候区	Ⅲ类气候区	Ⅱ类气候区	Ⅲ类气候区	Ⅱ类气候区	Ⅲ类气候区
住宅建筑	低层	33	35	35	40	1	1.1	1.1	1.2
	多层	26	28	28	30	1.6	1.7	1.7	1.8
	小高层	24	25	25	28	2.0	2.2	2.2	2.4
	高层	20	20	20	20	3.5	3.5	3.5	3.5

注：根据《城市居住区规划设计规范》（GB 50180—93）（2002 年版）附录 A 之 A.0.1 的规定，江苏省位于Ⅱ类气候区的城市包括连云港、徐州的全部辖区，宿迁大部（泗洪除外），涟水、滨海、阜宁、射阳、响水；其他地区都位于Ⅲ类气候区。

2. 上海市居住建设用地指标规定

《上海市城市规划管理技术规定》（2011 版）中有关建筑容量控制指标的技术规定指出：建筑基地面积大于 3 万 m² 的成片开发地区，必须编制详细规划，经批准后实施；在不超过建筑总容量控制指标的前提下，成片开发地区内各类建筑基地的建筑容量控制指标可参照本规定表二《建筑密度和建筑容积率控制指标表》（见表 3-1-4）；建筑基地面积小于或等于 3 万 m² 的居住建筑和公共建筑用地，其建筑容量控制指标在经批准的详细规划或中心城分区规划中已经确定的，应按批准的规划执行。尚无经批准的上述规划的，其建筑密度控制指标应按表二（表 3-1-4）的规定执行；其建筑容积率控制指标，应按表二（表 3-1-4）规定的指标折减百分之五至百分之二十执行。

表 3-1-4 建筑密度和建筑容积率控制指标表

区位	中心城（外环线以内地区）				中心城外（外环线以外地区）					
建筑容量 类型	内环线以内地区		内外环线之间地区		新城		中心镇		一般镇和其他地区	
	D	FAR	D	FAR	D	FAR	D	FAR	D	FAR
低层独立式住宅	20%	0.4	18%	0.35	18%	0.3	18%	0.3	18%	0.3
其他低层居住建筑	30%	0.9	27%	0.8	25%	0.7	25%	0.7	25%	0.7
居住建筑（含酒店式公寓） 多层	33%	1.8	30%	1.6	30%	1.4	30%	1.0	30%	1.0
居住建筑（含酒店式公寓） 高层	25%	2.5	25%	2.0	25%	1.8				
商业、办公建筑（含旅馆建筑、公寓式办公建筑） 多层	50%	2.0	50%	1.8	50%	1.6	40%	1.2	40%	1.2
商业、办公建筑（含旅馆建筑、公寓式办公建筑） 高层	50%	4.0	45%	3.5	40%	2.5				
工业建筑（一般通用厂房）仓储建筑 低层	60%	1.2	50%	1.0	40%	1.0	40%	1.0	40%	1.0
工业建筑（一般通用厂房）仓储建筑 多层	45%	2.0	40%	1.6	35%	1.2	35%	1.2	35%	1.2
工业建筑（一般通用厂房）仓储建筑 高层	30%	3.0	30%	2.0						
公共绿地	按照建设部《公园内部用地比例》的规定执行									

注：1.D——建筑密度，FAR——建筑容积率；2.本表仅适用于未编制详细规划的、小于或等于3万 m^2 的单一基地；3.本表规定的指标为上限。

3. 杭州市居住建设用地指标规定

《杭州市城市规划管理技术规定》中有关建筑容量控制指标的技术规定指出：建设用地面积大于（含）3 万 m² 的建设项目，应编制详细规划，经批准后确定建筑容量指标。建设用地面积小于 3 万 m² 的建设项目，在用地性质符合分区规划及附表《建设用地下限指标》（见表 3-1-5）的基础上，按表《建筑容积率、建筑密度控制指标表》（表 3-1-6）确定建筑容量指标。

表 3-1-5　建设用地下限指标

建设项目类型	居住			非居住		
	低层	多层	高层	低层	多层	高层
建设用地面积（m²）	500	1000	2000		1000	3000

表 3-1-6　建筑容积率、建筑密度控制指标表

建筑类别		建筑密度	容积率
低层独立住宅			
低层联排住宅		≤ 35%	≤ 1.3
住宅建筑	4 ~ 6 层	≤ 32%	≤ 1.9
	7 ~ 11 层	≤ 28%	≤ 2.4
	12 ~ 18 层	≤ 24%	≤ 3.0
	19 层（含）以上	≤ 20%	≤ 3.5

注：国家和地方政府对土地建筑容量指标有专门规定时，应符合相关规定。
表中依据不同建筑类型和建筑层数对建筑密度和容积率指标给予了具体规定，是一种较为科学的指标控制方法。

3.1.3　住区节地与人均居住用地面积指标的关系

1. 人均居住用地面积的决定因素（影响人均居住面积指标的因素）

人均居住建筑用地是衡量住区是否节地的重要指标，用公式表示为：

人均居住建筑用地 = 人均居住面积定额 / 层数 × 居住建筑密度 × 平面系数（m² / 人）

由上式可见，居住建筑用地指标决定于四个因素：居住面积定额（m² / 人）（人均居住面积）；居住面积密度（m² / hm²）；居住建筑密度（%）；平均层数。

①居住面积定额：人均居住面积定额指的是居住使用面积定额，使用面积除以平面系数为建筑面积。

②居住面积密度：居住面积密度 = 居住面积 / 居住建筑用地面积（m^2/hm^2）。居住面积密度是最能表示住宅群用地是否经济的主要指标。它也与住宅层数、平面系数、层高、房屋间距、房屋排列方式等有关。因此为了全面地反映住宅布置、平面设计和用地之间的关系，一般将居住建筑密度和居住面积密度两个指标同时使用，相互校核。与居住面积密度相似的另一个无量纲概念就是我们常见的容积率。

③居住建筑密度：居住建筑密度 = 居住建筑基底面积 / 居住建筑用地面积 × 100%。居住建筑密度主要取决于房屋布置对气候、防火、防震、地形条件和院落使用等要求。因此，居住建筑密度与房屋间距、建筑层数、层高、房屋排列方式等有关。在同样条件下，一般住宅层数愈高，居住建筑密度愈低。

④平均层数：平均层数是指各种住宅层数的平均值，一般按各种层数总建筑面积与总占地面积之比进行计算。

以下将从上述四方面探讨其与人均用地面积及住区节地的关系。

2. 关于居住面积标准的研究

（1）家庭户均人口的变化

《城市居住区规划设计规范》中，人均居住区用地控制指标在 1993 年版是按每户 3.5 人计算的；2002 年后的新规范中人均居住区用地控制指标是按每户 3.2 人进行计算的。随着我国城市住宅建设飞速发展，城市人口流动性的增强以及人们居住生活水平及家庭生活观念的变化，我国城市家庭户均人口也在发生显著变化。

据我国 2010 年第六次全国人口普查的数据显示：大陆 31 个省、自治区、直辖市共有家庭户为 401 517 330 户，家庭户人口为 1 244 608 395 人，平均每个家庭户的人口为 3.10 人，比 2000 年第五次全国人口普查的 3.44 人减少 0.34 人。

2010 年江苏省第六次全国人口普查数据显示：全省常住人口中，家庭户为 24 393 386 户，家庭户人口为 71 680 093 人，平均每个家庭户的人口为 2.94 人，比 2000 年第五次全国人口普查的 3.23 人减少 0.29 人。

2010 年上海市第六次全国人口普查数据显示：全市常住人口中，共有家庭户 8 251 160 户，家庭户人口为 20 581 448 人，平均每个家庭户的人口为 2.49 人，比 2000 年第五次全国人口普查的 2.79 人减少 0.3 人。

2010 年南京市第六次全国人口普查数据显示：全市常住人口为 8 004 680 人，全市常住人口中，家庭户 2 370 274 户，家庭户人口为 6 554 159 人，平均每个家庭户的人口为 2.77 人，比 2000 年第五次全国人口普查的 2.92 人减少了 0.15 人。

2010 年杭州市第六次全国人口普查数据显示：全市常住人口中共有家庭户 297.08 万户，家庭户人口为 768.10 万人，平均每个家庭户的人口为 2.59 人，比 2000 年第五次全国人口普查的 2.98 人减少 0.39 人。

2000 年与 2010 年家庭户均人口统计见表 3-1-7 所示。

表 3-1-7 家庭户均人口统计表

单位：人 / 户

家庭户人口	全国	江苏省	上海市	南京市	杭州市
2000 年	3.44	3.23	2.79	2.92	2.98
2010 年	3.10	2.94	2.49	2.77	2.59

我国城市家庭户均人口呈逐步下降的趋势，全国家庭户均人口从 3.5 人 / 户下降至 3.2 人 / 户，再下降至现有的 3.10 人 / 户。其中江苏省户均人口为 2.94 人 / 户，南京市户均人口为 2.77 人 / 户，上海市户均人口为 2.49 人 / 户，杭州市户均人口为 2.59 人 / 户。长三角地区进行人均居住区用地控制指标计算时户均人口选取 3.0 人 / 户更为适合。

（2）人均居住建筑面积的定义

以前多采用使用面积衡量人们的居住水平，由于商品住宅的发展，目前我国商品住宅售卖价格均以建筑面积及单价作为售价依据，因此，现在多使用居住建筑面积来衡量人们的居住水平。人们对人均建筑面积、人均使用面积、人均居住面积的概念不清，导致了各地方统计数据的标准不一，各地方统计概念不清，统计指标也非常混乱。

建筑面积是指住宅建筑外墙外围线测定的各层平面面积之和，它是表示一个建筑物建筑规模大小的经济指标。它包括三项，即使用面积、辅助面积和结构面积。

使用面积是每套住宅户内除墙体厚度外全部的净面积的总和。其中包括卧室、起居室、过厅、过道、厨房、卫生间，储藏室、壁柜（不含吊柜）、户内楼梯（按投影面积）、阳台。

居住面积是指住宅建筑各层平面中直接供住户生活使用的居室净面积之和。所谓净面积就是要除去墙、柱等建筑构件所占有的水平面积（即结构面积）及交通、储藏等附属空间面积。

①江苏省人均居住建筑面积

随着住房分配制度的改革、城市建设步伐的不断加快和城市居民收入的持续增长，居民人均居住面积不断增加。2008 年江苏城镇居民人均住房建筑总面积达 32.4 m^2，比 1978 年增加 24.3 m^2，几代同堂、拥挤不堪的居住状况已难寻踪迹。住房私有率达 92.9%，其中购买商品房占 42.6%，购买房改房占 36.3%，原有私房占 14.0%；有些家庭除了现住房，还拥有其他住房。

2011 年南通市全市城镇居民人均住房建筑面积 40.9 m^2；镇江市 2011 年末城镇居民人均住房建筑面积 39.4 m^2；常州市城镇居民人均住房建筑面积 34.8 m^2，比上年末增加 1.6 m^2。

南京市人均居住建筑面积：

国家统计局南京调查队发布的南京城镇住户调查资料（《南京"十一五"城镇居民住房条件的统计年报》）显示：2010 年底，南京城镇居民家庭人均现住房建筑面积 27.42 m^2[①]，比 2008 年增加 3.12 m^2（见表 3-1-8），增长了 12.8%。按照平均每户 3 人的户均规模计算，"十一五"期间，平均每户家庭的住房面积增加了 9.36 m^2。

表 3-1-8　南京市城镇居民住房条件统计表

指　标	2005 年	2006 年	2007 年	2008 年	2009 年
调查户数（户）	5000	5000	5000	5100	5100
平均每户家庭人口（人）	2.92	2.88	2.84	2.84	2.81
平均每人建筑面积（m^2）	28.76	29.68	30.90	32.41	32.87
平均每人使用面积（m^2）	21.69	22.40	23.18	24.31	24.66

②上海市人均居住建筑面积

《2011 年上海市国民经济和社会发展统计公报》显示：2011 年上海市共拆除住宅建筑面积 182.8 万 m^2，动迁居民 2.23 万户。"四位一体"住房保障

---

① 据《国统局年报：南京居民人均住房去年（2010 年）达 27.42 平方米》；来源：新华网 2011 年 04 月 20 发布。

体系不断完善，全年经济适用住房开工面积 541 万 m²，竣工面积 200.63 万 m²；动迁安置住房开工面积 983.55 万 m²，竣工面积 298.25 万 m²，搭桥供应 607.36 万 m²；公共租赁住房已建设筹措 226 万 m²；新增廉租住房受益家庭 1.2 万户，累计受益家庭 8.7 万户；新增经济适用住房签约购房家庭 1.85 万户。至 2011 年末，城镇居民人均住房建筑面积 33.4 m²，折合人均住房居住面积 17 m²（见图 3-1-1），居民住宅成套率达到 96%。2005-2010 年数据变化见表 3-1-9。

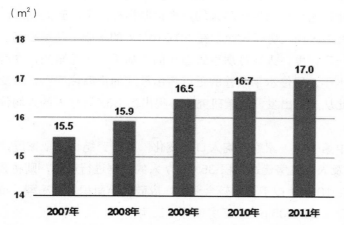

图 3-1-1　2007-2011 年上海市城镇居民人均住房居住面积变化图

表 3-1-9　上海市城镇居民住房条件统计表

指　　标	2005 年	2006 年	2007 年	2008 年	2009 年	2010 年
调查户数（户）	1000	1000	1000	1000	1000	1000
平均每户家庭人口（人）	3.01	3.02	3.01	2.97	2.93	2.90
平均每人建筑面积（m²）			29.90	31.4	32.8	33.4
平均每人使用面积（m²）	21.3	22.0	22.9	23.8	24.6	25.6
平均每人居住面积（m²）	15.5	16.0	16.5	16.9	17.2	17.5

（3）合理控制户均建筑面积

我国为实现小康社会目标提出的住房标准是"户均一套房、人均一间房"，住房和城乡建设部政策研究中心《全面建设小康社会居住目标研究》中提出 2020 年城镇人均住房建筑面积 35.0 m²/人。目前我国大部分城市已达到或超过人均住房建筑面积 30.0 m²/人的标准，部分中小城市甚至超过小康住宅的面积标准，达到人均住宅建筑面积 40.0 m²/人以上，这不能不说是对土地资源的巨大浪费。虽然大城市对土地集约利用的程度更高，但也已接近控制指标上线，如上海市 2011 年人均住宅建筑面积为 33.4 m²，南京市 2011 年人均住宅建筑面积 32.87 m²，杭州市 2011 年城镇居民人均住房建筑面积 33.7 m²，均接近小康住宅所规定的人均住宅建筑面积标准。如果对人均住宅建筑面积不加控制地建设，必然导致人均居住用地控制指标的全面突破，危及我国耕地资源，使土地政策成为一纸空文。因此，面对大规模巨量建设的住宅市场，我们更应该制定严格的人均建筑面积控制指标和人均用地控制指标。考虑到人民居住生活水平的进一步发展，人均住房建筑面积在 30.0 m²/人的基础上适度提高。另外，当经济发展到一定程度，人均住房建筑面积的增加不会是无限的，住房面积保持一个恒定的水平，居住水平改善的重点将由单纯的提高住房面积转变为提高居住品质。因此从这点出发，政策研究中心提出的 35.0 m²/人的人均住房建筑面积是恰当的。

结合本节中第 1 点"家庭户均人口的变化"的研究结论，取家庭户均人口 3.0 人/户，以及人均住房建筑面积 35.0 m²/人的数据进行计算，则将我国户均建筑面积控制在 105 m² 以下是比较合适的，应鼓励小面积、紧凑型、精致住宅的设计，鼓励建设 80~105 m² 小三房或标准三房住宅。

3. 关于容积率的探讨

（1）合理居住建筑密度的确定

①建筑密度与住区环境的关系

影响容积率确定的第一个重要因素是建筑密度，它是指住宅建筑占地面积与住区用地面积的比率。建筑密度越高，建筑物占用的基底面积越大，容积率也就越高，但相应的绿化及其他用地面积减少。在其他用地面积比率较为固定的情况下，建筑密度的提高通常建立在对绿化用地的挤占上，因而带来住区景观环境质量的下降。另一方面，建筑占用基底面积越大对住区原有生态环境和土地自净能力破坏越强，住区中不可渗透地表面积也越大，可提供的新的动植物生存环境场所也越有限，从对自然环境保护的角度而言是不利的。因而可持续发展的住区建设应努力把建筑密度控制在最小范围。

②合理建筑密度的确定及开发策略（低层、多层、小高层、高层列表比较）

我国《城市居住区规划设计规范》（GB 50180—1993）（2002 版）中规定了住宅建筑净密度（住宅建筑基底面积与住宅用地面积的比率 %）的最大值，由此笔者计算出居住区建筑密度最大值。如表 3-1-10 所示。

表 3-1-10　《城市居住区规划设计规范》（GB 50180—93）中规定的住宅建筑净密度的最大值

住宅层数		建筑气候区划		
		Ⅰ、Ⅱ、Ⅵ、Ⅶ	Ⅲ、Ⅴ	Ⅳ
低层	住宅建筑净密度 (%)	35	40	43
	建筑密度 (%)	19 ~ 22.8	22 ~ 26	23.6 ~ 28
多层	住宅建筑净密度 (%)	28	30	32
	建筑密度 (%)	15.4 ~ 18.2	16.5 ~ 19.5	17.6 ~ 20.8
中高层	住宅建筑净密度 (%)	25	28	30
	建筑密度 (%)	13.8 ~ 16.2	15.4 ~ 18.2	16.5 ~ 19.5
高层	住宅建筑净密度 (%)	20	20	22
	建筑密度 (%)	11 ~ 13	11 ~ 13	12.1 ~ 14.3

注：①数据来源：《城市居住区规划设计规范》（GB 50180—93）2002 年版：p.12；②混合层取两者的指标值作为控制指标的上、下限制；③建筑密度为住宅建筑基底面积与居住区用地的比值（其中不包括为城市服务的公共建筑、城市道路等的用地）；④住宅建筑净密度为住宅建筑基底面积与住宅用地面积的比率（%），住宅用地面积一般占居住区总用地面积的 55% ~ 65%，由此计算建筑密度如上表所示。

　　实践证明，以《城市居住区规划设计规范》中住宅建筑净密度计算的建筑密度指标偏低，多层住区的建筑密度很少能达到该指标的要求。笔者对我国小康住宅示范工程和近年深圳市及南京市部分商品住宅建筑密度的统计表明，南方小区的建筑密度近年由于采用底层架空的形式而有逐步减小的趋势，多数住区的建筑密度维持在 20% ~ 35% 的范围（笔者预想在这里加入长三角绿色住区调研中建筑密度的指标情况，但发现能得到建筑密度数据的只有 4 个住区，大部分住区没有数据，也没有 CAD 图，因此无法计算）。因此，笔者认为我国现阶段建筑密度维持在 20% ~ 30% 的范围对居住环境的影响是可以接受的，而且从经济效益的角度而言也是可行的。

　　③建筑密度的合理值域

　　对于相同的建筑密度，由于住宅层数和高度不同，其空间感受也会大不一样，低层建筑密度为 35% 甚至更大时，只要处理得当人们尚可以接受，而高层建筑超过 20% 就会使人产生压抑感。这说明居民对不同类型住宅的密度各有其心理承受的"度"，超过了这个"度"，人们就会感到不舒服，心理上产生压抑感。这正说明不同类型住宅，其密度大小给人们的空间疏密感受是截然不同的。因此，不同类型住宅应该有其合理的密度值域，低层的密度在允许范围内可以大些，多层应相对小些，高层建筑密度就应该更小。针对这一问题，杨松筠、陈韦在《对我国住宅合理密度的初探》就提出了不同类型住宅、不同容积率下的建筑密度值域（见表3-1-11）。

表 3-1-11　不同类型住宅容积率及建筑密度合理值域

住宅类型	容积率	建筑密度
低层别墅（1～3层）	0.35, 0.5, 0.7, 1.0	12%～35%
低层联排（2～3.5层）	0.35, 0.5, 0.7, 1.0	17.5%～50%
多层（4～7层）	0.7, 0.8, 0.9, 1.0, 1.2, 1.5	15%～25%
小高层（8～17层）	1.5, 2.0, 2.2, 2.5, 3.0	12%～23%
高层（18～33层）	2.0, 3.0, 4.0, 5.0	7%～18%
超高层（34层以上）	3.0, 4.0, 5.0	6%～15%

注：笔者认为，上述密度值域更多地考虑住区密度与居民心理感受的关系，因而密度值域相较《城市居住区规划设计规范》的标准偏高。

（2）房屋平均层数

前节对影响容积率的重要因素——建筑密度进行了探讨，现在对另一重要因素——建筑层数的影响进行探讨。

①建筑层数与节约用地的关系

增加住宅层数是提高土地利用集约度的有效方法，这是显而易见的事实，但长期以来对其进行定性和定量综合分析的学者却并不多见。为了对建筑层数与节约用地的关系进行定量分析，我们采用建立"典型单元模型"的方法进行探讨。从住宅建筑基底和住宅之间必要的日照间距用地角度出发，暂且排除对住宅建筑长度和住宅建筑间错排列等因素的考虑，一幢住宅的占地面积可以简化为图3-1-2的形式。

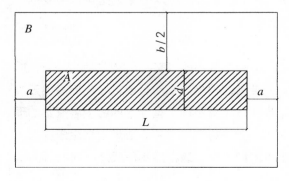

图 3-1-2　典型住宅用地单元模型

由此，我们可以得到计算典型单元用地面积的公式：

典型单元用地面积 M = 住栋面积 A + 住栋周围面积 B；

住栋面积 A = 住栋面宽 L × 住栋进深 d；

住栋周围面积 B = 两侧用地面积 C + 前后用地面积 D；

两侧用地面积 C = 防火间距 a × 住栋进深 d；

前后用地面积 D =（住栋面宽 L + 防火间距 a）× 日照间距系数 k ×（建筑层数 c × 建筑层高 h + 室内外高差 + 檐口高度 − 底层窗底高度）。

假定计算住栋前后间距时，室内外高差（一般 0.3 ~ 0.6 m）与檐口高度（一般 0.3 ~ 0.6 m）之和与底层窗底高度（一般 0.9 ~ 1.2 m）相互抵消，由此得到简化后的典型单元用地面积可用下式表示（推导过程略）：

$$M = (L + a) \cdot (d + k \cdot c \cdot h)$$

其中，a——防火间距，当建筑高度 < 24 m 时，取 6 m；当建筑高度 > 24 m 时，取 13 m；

    b——满足日照要求的建筑间距；

    c——建筑层数；

    d——住栋进深；

    h——住宅建筑层高；

    L——住栋面宽；

    k——日照间距系数。

研究建筑层数与节约用地的关系并非以典型单元用地面积数值 M 来衡量，而应计算出单位建筑面积所需的用地 M_0，M_0 的计算公式为

$$M_0 = M / (L \cdot d \cdot c)$$

依据经验数值，这里假定住宅建筑面宽 L 为 60 m，进深 d 为 12 m，每层层高 h 为 2.8 m，日照间距系数 k 取 1.0，侧向防火间距 a 当建筑高度不大于 24 m 时，取 6 m，当建筑高度大于 24 m 时，取 13 m，由此计算出住宅建筑层数与单位建筑用地面积和容积率的关系，如表 3-1-12、图 3-1-3 所示。

表 3-1-12　建筑层数与节地的关系

建筑层数	典型单元用地（m²）	单位建筑用地（m²）	每增加一层所减少单位用地（m²）	节地率（%）	容积率	建筑层数	典型单元用地（m²）	单位建筑用地（m²）	每增加一层所减少单位用地（m²）	节地率（%）	容积率
1	1188	1.65			0.61	12	3328.8	0.39	0.009	2.34	2.59
2	1188	0.83	0.825	50.00	1.21	13	3533.2	0.38	0.008	2.02	2.65
3	1346.4	0.62	0.202	24.44	1.60	14	3737.6	0.37	0.007	1.77	2.70
4	1531.2	0.53	0.092	14.71	1.88	15	3942	0.37	0.006	1.56	2.74
5	1716	0.48	0.055	10.34	2.10	16	4146.4	0.36	0.005	1.39	2.78
6	1900.8	0.44	0.037	7.69	2.27	17	4350.8	0.36	0.005	1.24	2.81
7	2085.6	0.41	0.026	5.95	2.42	18	4555.2	0.35	0.004	1.12	2.85
8	2270.4	0.39	0.020	4.75	2.54	19	4759.6	0.35	0.004	1.01	2.87
9	2715.6	0.42	−0.025	−6.32	2.39	20	4964	0.34	0.003	0.92	2.90
10	2910	0.40	0.015	3.56	2.47	21	5168.4	0.34	0.003	0.84	2.93
11	3124.4	0.39	0.009	2.39	2.53	22	5372.8	0.34	0.003	0.77	2.95

注：节地率是指每增加一层所减少的单位建筑用地与原单位建筑用地比值的百分数。

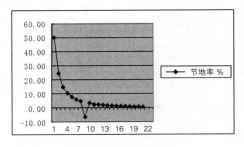

图 3-1-3　建筑层数与节地的关系

　　图表显示，住宅建筑为低层和多层（2～6层）时，每增加一层的节地效果十分显著；中高层住宅（7～9层）的节地效果也较明显。由于长三角地区主要城市现行规范中对中高层、高层建筑侧面防火间距的规定各不相同，计算中按照建筑檐口高度超过24 m即为高层建筑的规定来确定侧面防火间距，当住宅建筑为9层时，总建筑高度一般将超过24 m，因此，山墙间防火间距加大，节地率在此出现转折。当层数超过12层以后，每增加一层的节地效果逐渐微弱，超过20层以后的节地率已经不到1%。

　　从住宅容积率方面来考察，也可得出相同的结论。图表显示，住宅容积率随着住宅层数的增加而增大，低层和多层住宅增加的幅度较大；住宅层数9层时出现转折（理由同前所述）；当住宅层数超过9层以后，图中曲线趋于平缓，容积率增长的幅度开始减小。如果考虑到高层住宅须设置电梯，结构及各种服务辅助面积都有较大增加，住户的实际使用面积系数降低，则高层住宅节地增长的效果就不太显著了。

　　②对我国发展中高层住宅的再认识

　　我国对发展中、高层住宅的认识经历了一个反复的过程。从生态环境的角度出发，为确保整个城市生态系统的平衡和居民生活环境的良好发展，不断扩大绿化面积、适当增加住宅层数、提高空地率是改善住区生态环境、节约土地资源的重要方法之一。在景观环境质量不断提高、建筑密度逐渐减小的情况下，为了保证开发商的经济利益，达到社会、环境、经济效益统一，在一定限度内应允许适当提高建筑层数，增加开发的总建筑面积，使得在小区景观环境质量得到提升的前提下，亦能保证土地利用的集约性和开发商的经济利益。在某种意义上讲，高层建筑群的优势就在于相同容积率时，其建筑密度小、空间感稀疏、安排其他用地比较宽裕，总的感觉较好，因此对节约用地的潜力也就更大。"高层低密度"如今成为解决城市发展与土地利用矛盾的有效方式。

　　（3）合理容积率计算

　　由前两点分析的结论，笔者认为我国现阶段多、高层建筑密度维持在20%～35%的范围对居住环境的影响是可以接受的，而且从经济效益的角度也是可行的；另一方面，从节约用地的现实国情出发，笔者认为我国中高、小高层住宅发展具有相当潜力，土地承载力匀质条件下，城区无历史文脉限定的零星地段，为节约用地以7～9层的中高层和10~15层的高层住宅为宜。在此基础上，笔者试着利用建筑密度、建筑层数与容积率的联系，对我国普遍可行的容积率数值进行分析，见表3-1-13。

表 3-1-13　建筑层数、建筑密度与容积率的关系

建筑层数	建筑密度（%）					
	10	20	30	40	50	60
4	0.4	0.8	1.2	1.6	2.0	2.4
5	0.5	1.0	1.5	2.0	2.5	3.0
6	0.6	1.2	1.8	2.4	3.0	3.6
7	0.7	1.4	2.1	2.8	3.5	4.2
8	0.8	1.6	2.4	3.2	4.0	4.8
9	0.9	1.8	2.7	3.6	4.5	5.4
10	1.0	2.0	3.0	4.0	5.0	6.0
11	1.1	2.2	3.3	4.4	5.5	6.6
12	1.2	2.4	3.6	4.8	6.0	7.2
13	1.3	2.6	3.9	5.2	6.5	7.8
14	1.4	2.8	4.2	5.6	7.0	8.4
15	1.5	3.0	4.5	6.0	7.5	9.0
16	1.6	3.2	4.8	6.4	8.0	9.6
17	1.7	3.4	5.1	6.8	8.5	10.2
18	1.8	3.6	5.4	7.2	9.0	
19	1.9	3.8	5.7	7.6	9.5	
20	2.0	4.0	6.0	8.0	10.0	
21	2.1	4.2	6.3	8.4		
22	2.2	4.4	6.6	8.8		
23	2.3	4.6	6.9	9.2		
24	2.4	4.8	7.2	9.6		
25	2.5	5.0	7.5	10.0		
26	2.6	5.2	7.8			
27	2.7	5.4	8.1			
28	2.8	5.6	8.4			
29	2.9	5.8	8.7			
30	3.0	6.0	9.0			
31	3.1	6.2	9.3			
32	3.2	6.4	9.6			

注：本表为笔者自行编制。

　　上表为由建筑密度和建筑层数之积计算得出的容积率矩阵表，表中容积率小于 1.0 的部分，创造的居住环境状况最佳，可视为舒适性容积率指标；容积率小于或等于 1.5（一般为多层、中高层及少量 15 层以下的小高层），可视为

文明性容积率指标；容积率小于或等于 3.0，可视为经济性容积率指标；容积率小于或等于 6.0，是容积率指标的临界值，超过这一指标对周围居住环境的负面影响开始显著；而容积率为 10.0 则是危险性容积率指标（一般为 17 层以上建筑），超过这一指标的开发对环境产生严重负面影响。

如表中所示，当建筑密度为 20%、建筑层数达到 15 层，或者建筑密度为 30%、建筑层数达到 10 层时，仍然可以将容积率控制在 3.0 的合理范围，与前面对建筑密度和建筑高度探讨的结果恰好吻合。由此，笔者认为，在我国人多地少矛盾突出的状况下，为保证住区土地利用的经济性，大城市无特殊限制地区容积率维持在 3.0 左右是一种既能节约用地又能创造良好居住环境的建造形式。

3.1.4 绿色住区中合理人均居住用地面积的确定

1. 绿色住区中人均居住用地面积建议

依据人均居住建筑用地概念可知：人均居住建筑用地 ＝ 人均居住面积定额 / 层数 × 居住建筑密度 × 平面系数，由于人均居住建筑面积定额 ＝ 人均居住（使用）面积定额 / 平面系数，容积率 ＝ 层数 × 居住建筑密度，因此前式可以替换为：

人均居住建筑用地 ＝ 人均居住建筑面积 / 容积率

由此，人均居住建筑用地指标与人均居住建筑面积指标成正比，与容积率成反比。人均居住建筑用地指标随人均居住建筑面积增加而增加，人均居住建筑面积定额越高，则人均居住用地面积越高，住区越不节地；另一方面，人均居住建筑用地指标随容积率增加而降低，容积率越高，人均居住用地面积越低，住区越节地。

综上所述，依据户均建筑面积控制指标、建筑密度、建筑层数及容积率合理值域，综合计算得出人均居住用地数据，作为居住小区人均用地控制指标建议，如表 3-1-14。

表 3-1-14　居住小区人均用地控制指标建议

单位：m²

住宅层数		建筑气候区划		
		Ⅰ、Ⅱ、Ⅵ、Ⅶ	Ⅲ、Ⅴ	Ⅳ
居住小区	低层	30 ~ 46	28 ~ 45	26 ~ 39
	多层	20 ~ 29	19 ~ 27	18 ~ 26
	中高层	18 ~ 26	16 ~ 24	15 ~ 22
	高层	10 ~ 16	10 ~ 16	10 ~ 16

2. 长三角绿色住区人均居住用地标准

2008 年至 2011 年长三角绿色住区的调研情况见表 3-1-15。

表 3-1-15 长三角调研绿色住区人均居住用地标准统计

项目 评价	建筑类别	经济技术指标						
		容积率	占地面积（m²）	建筑面积（m²）	总户数（户）	总人口（人）	人均建筑面积（m²）	人均用地面积（m²）
陈渡新苑	小高层、高层	1.75	231 000	281 200	2212	6636	42.37	34.81
中意宝第	小高层、高层	2.90	96 000	280 000	1955	5865	47.74	16.37
中洋现代城	高层	2.80	71 000	200 000	1378	4134	48.38	17.17
金都城市芯宇	高层	2.50	64 288	160 565	1000	3000	53.52	21.43
欣盛东方福郡	高层	2.60	113 776	295 817	1550	4650	63.62	24.47
骋望骊都华庭	小高层	1.64	97 438	160 000	1000	3000	53.33	32.48
和府奥园	小高层	2.68	39 509	105 806	866	2598	40.73	15.21
朗诗国际街区	小高层	1.97	187 000	368 000	2000	6000	61.33	31.17
聚福园	多层、小高层	1.53	70 000	107 000	830	2490	42.97	28.11
银城东苑	高层、小高层	1.87	266 400	500 000	2000	6000	83.33	44.40
碧海金沙嘉苑	多层住宅、联排别墅	0.77	404 000	313 000	2669	8007	39.09	50.46
朗诗绿色街区	18 层高层	2.60	46 000	120 000	666	1998	60.06	23.02
绿地翡翠公馆	小高层	2.80	31 145	87 206	900	2700	32.30	11.54
绿地逸湾苑	小高层、别墅	2.08	38 000	79 000	982	2946	26.82	12.90
万科城花新园	小高层	1.57	300 000	240 000	2000	6000	40.00	50.00
万科朗润园	小高层、多层	1.28	96 000	123 000	1019	3057	40.24	31.40
中大九里德苑	小高层	0.92	250 000	230 000	1750	5250	43.81	47.62
金湖湾花园	小高层；高层	1.78	80 000	142 000	723	2169	65.47	36.88
朗诗国际街区	小高层、高层	2.45	73 546	180 399	1106	3318	54.37	22.17
万科玲珑湾	高层；小高层；多层	2.87	36 900	105 800	605	1815	58.29	20.33
雅戈尔太阳城	联排、多层、高层、小高层	2.12	520 000	1 100 000	10 000	30 000	36.67	17.33
朗诗未来之家	小高层	2.50	60 000	150 000	1 300	3900	38.46	15.38
山语银城	多层、小高层	1.42	177 000	251 000	1 974	5922	42.38	29.89
万达广场 C.D	高层、小高层	3.00	179 300	537 893	3300	9900	54.33	18.11
新世纪花园	高层、多层	2.10	60 600	128 000	932	2796	45.78	21.67
帝景蓝湾	小高层、高层	1.80	30 000	54 500	518	1554	35.07	19.31

从笔者对2008年至2011年长三角绿色住区的调研情况来看（表3-1-15），可以得出如下结论：

（1）调研的26个绿色住区中，以小高层和小高层＋高层类型的住区数量最多，共计16个，占比61.5%；纯高层住区其次为3个，占比11.5%；多层、小高层、高层混合的住区也是3个，占比11.5%；其他多层＋小高层、多层＋小高层＋高层、多层＋高层及低层＋高层的混合类型住区各为1个。所有调研住区中，不同层数混合类型住区共计22个，占比84.6%，可见，目前采用混合类型布局的住区正日益增多。

（2）调研的26个绿色住区中，容积率达到3.00的只有1个住区，占3.8%；容积率1.6~3.0的共20个住区，占76.9%，多为小高层、高层或小高层＋高层混合类型住区；容积率1.0~1.6的住区为4个，占15.4%，为多层＋小高层类型，且以多层住宅为主；容积率≤1.0的住区1个，占3.8%。从统计的26个住区来看，容积率指标均未突破各类型住宅容积率阈值，处于较为合理的范围。

（3）调研的26个绿色住区中，除了1个住区人均建筑面积83.33 m²/人极度不合理，可能统计数据有误的情况外，人均建筑面积低于35 m²/人的住区数量2个，占7.7%；人均建筑面积35~40 m²/人的住区数量4个，占15.4%；人均建筑面积40~50 m²/人的住区数量10个，占38.4%；人均建筑面积50~60 m²/人的住区数量5个，占19.2%；人均建筑面积60~65 m²/人的住区数量4个，占15.4%。统计的26个绿色住区的人均建筑面积指标远远超过小康住宅的面积标准，正是由于开发商无节制地增加户均建筑面积的结果所致。

（4）调研的26个绿色住区中，人均用地面积指标即使按照《城市居住区规划设计规范》中低层、多层、中高层、高层各类对应的最大控制指标衡量，满足要求的住区只有10个，占38.5%。其余住区人均用地面积指标均大大超出控制指标要求。

（5）对比长三角地区调研住区容积率及人均建筑面积的统计结果可以发现，人均用地面积指标的大幅突破，正是人均建筑面积控制指标的大幅突破造成的。虽然住区容积率处在较为合理的范围内，但由于人均建筑面积的失控，导致人均用地面积指标的失控。

3. 结论

人均用地指标是控制建筑节地的关键性指标，针对《绿色建筑评价标准》中4.1.3 条人均居住用地指标给出如下建议：一是控制户均住宅面积，户均建筑面积建议控制在80 ~ 90 m²比较适宜，最大不超过110 m²；二是适当增加中高层住宅和高层住宅的比例，在增加户均住宅面积的同时，满足国家控制指标的要求；三是依据城市不同气候区划及不同建筑类型给出更加详细的控制指标；四是针对现有住区布局常采用低层、多层、小高层、高层等相结合的混合布局特征，针对不同层数及其所占比例制定更加详细的人均用地控制指标。

3.2 基于自然通风的住区规划设计

自然通风是利用空气的密度差引起的热压或者风力造成的风压来促使空气流动的通风形式。随着能源压力的增大，自然通风以无污染且显著改善局部微气候的优越性越来越受到人们的重视。而要实现良好的室外自然通风效果，需要保证充足的压力差，并降低空气流动过程中障碍物对风的阻挡作用，因此需要从规划布局和景观环境等多方面进行设计，具体涉及建筑布局、建筑的架空空间设计、景观绿化设计等多个层面。

3.2.1 建筑布局设计

在建筑布局中考虑通风问题，主要是处理好以下两个因素：进风性和导风性。建筑布局进风性，是指通过开口让风直接吹进静风区以改善风环境的性能；建筑布局导风性，是指通过建筑对风的引导，促使气流进入静风区的性能。两者均通过增加静风区的通风量来体现，它们与建筑排布方式、朝向选择、建筑体型等方面有直接关系。

1）采用适宜的建筑排布方式

在住区设计中，建筑物的布局对自然通风的影响很大。住栋的常见布局通常有并列式、斜列式、错列式和周边式。通过通风模拟实验，设定参照环境为夏季江浙地区，测得各种布局中风速小于 1 m/s 的面积比重。经验证，错列式布局的通风条件最好，风速小于 1 m/s 的面积比重占 14%；周边式通风条件最差，风速小于 1 m/s 的面积比重达 38%。其中并列式与错列式可由前排住栋形成影响后排住栋的空气射流，增加风压效果。改变参照环境，测得数据略有变化，但各布局方式对比关系基本一致（图 3-2-1）。

2）合理的建筑朝向选择

建筑群整体朝向也会对自然通风产生影响。一般说来，住宅朝向应尽量避免与夏季主导风向垂直，否则会在建筑体量背部产生较大的漩涡区，不利于后排住栋的通风。通常，住宅长轴应与风的入射方向成一定角度，以 30° ~60°

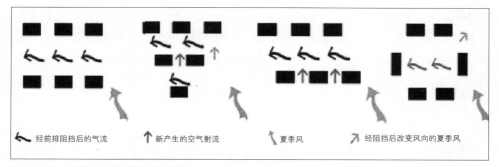

经前排阻挡后的气流　　　新产生的空气射流　　　夏季风　　　经阻挡后改变风向的夏季风

图 3-2-1　不同布局模式通风状况图

为宜。以南京地区为例，南京夏季主导风向为东南风，要避免住宅朝向垂直于夏季主导风，可以选择正南或南偏西朝向（图 3-2-2）。

　　3）住栋体型优化设计

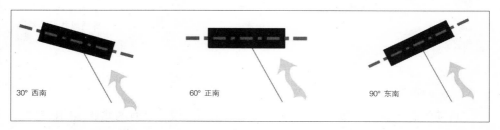

30° 西南　　　　　　　60° 正南　　　　　　　90° 东南

图 3-2-2　不同朝向通风状况图

　　住栋的形体是影响自然通风的另一重要因素。根据对调研资料进行汇总，归纳出长三角地区住区中使用的几种主要住栋体型，包括点式、L 形、板式。每种住栋体型均具有其特定适用性。因为住区空间的多样性或者增加容积率的需要，一般会出现多种住栋形态混合使用的局面，为了实现更好的通风设计，有必要对每一种体型的特点加以比较分析。

　　（1）点式住栋

　　点式住宅占地集约，相对板式住宅对风的阻挡较小，但室内通风状况不佳，一般作为高层塔楼在住区中作为板式住宅的补充，起增加容积率或活跃空间的作用。点式住宅组团采用半围合或围合开口背朝主导风向时，低速气流区域较少，可以最大限度保持小区内气流畅通。

　　（2）L 形住栋

　　L 形住栋可以灵活利用用地，并创造围合感强的组团空间，但对空气的流动不利。通过分析比较，长板矮、短板高的布局更利于通风，但会有比较多的住户面临不佳朝向；相对而言，长板高、短板矮的布局既有用地经济性，又能减小对来风的遮挡。建议 L 形住栋在将短板做矮的同时，尽可能避免使长板部分垂直于夏季主导风向，以将遮风效应降到最低（图 3-2-3）。

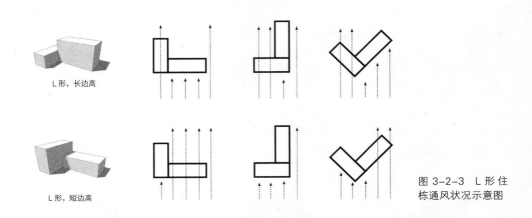

L形，长边高

L形，短边高

图 3-2-3 L 形住栋通风状况示意图

（3）板型住栋

目前国内一般采用板式住宅，相对于点式住宅，板式具有南北通透的优越性，但对室外风环境的影响较大。其设置的主要原则是：板式斜向布置时易出现多个风口，从而最大限度地减少负压区面积，有利于保持小区内气流通畅。结合当地气候状况，为使斜向布置时风环境状况更加良好，在不影响建筑群朝阳及日照间距的情况下，可将建筑朝向调整为南偏西 10°～ 15°，这样将达到最佳的通风效果。

3.2.2 住宅底部架空空间设计

在住栋底部设置架空层，对于改善住区通风具有显著的作用。利用空气流动的压力差，架空底层可以作为风道，使自然风在住区内部自由贯通。通过与景观水体、开敞绿地或下沉庭院相结合，利用凉性下垫面的降温特性，还可以进一步增强通风效果。在对长三角地区住区底层架空空间进行大量调查后发现，由于空间设计、环境设计等方面处理不当，架空空间并不是总能发挥出最佳效能，反而在使用中暴露出诸多的问题，以下为基于通风角度作出的针对性优化。

1）建筑底层结构的优化设计

建筑结构对架空层的通风效果有重大影响。由于多、高层住宅基本为剪力墙结构，架空层内呈现出大量下落的剪力墙，它们的走向杂乱不一，限制了空气流动。利用底部为框架的框支剪力墙结构可以解决这一问题，不过建造成本增加过高，并不是最适宜的解决方法。目前比较可行的途径是，在传统的结构

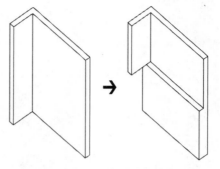

图 3-2-4　基于通风目的的底层剪力墙结构改良

基础上对剪力墙进行改良，将底层部分带短拐角的剪力墙拉厚去角，由异形柱变成一个矩形柱，在不影响其结构承重作用的同时，使原来杂乱的墙体走向得到规整，从而减小对气流的阻碍。实际通风模拟实验表明，这一改良举措对通风效果可以有比较明显的提升，是值得推行的做法（图3-2-4）。

2）提高架空空间的季节适应性

底部架空空间不但要通风，同样需要注意防寒。长三角地处夏热冬冷气候区，夏季炎热而冬季寒冷，如果架空层设计只考虑人们在春夏季的使用，那么到了冬季，这里就很可能会变成一个寒冷的消极空间，造成公共资源的浪费。上述情况充分说明了进行可变设计的重要性。可变性防寒设计的常规思路是：在冬季主导风向一侧或整层设置可变挡/导风板，夏季打开，冬季封闭，实现气候界面的随机应变。此外，还可以综合运用多种辅助措施：在架空层南侧设置铺满鹅卵石的浅水池，夏季可以利用水面降低过风温度，冬天可以把水放干，利用鹅卵石的蓄热功能加热局部空气（图3-2-5）；休闲座椅采用深色木质材料，增加冬季使用的舒适度；在挡/导风板后喷涂可拼接的卡通图案，激发人们主动使用的积极性；等等。

3）考虑外部景观对架空空间通风的影响

景观设计应注意避免植物阻挡风路。住区的景观设计中，往往未考虑避免宅前绿化对架空层通风的影响，经常造成景观植物阻挡来风风路的情况（图3-2-6），这对架

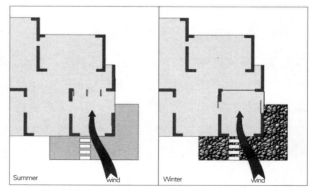

图 3-2-5　挡风板与可变水池的季节适应性

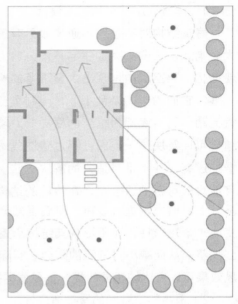

图 3-2-6　被植物阻挡风路的架空层案例　　　　图 3-2-7　植栽的理想布置方式

空层通风效果的影响是显而易见的。理论上的最佳状态是，住宅的前后绿地均保持大块的开敞草地形态，不做乔木或大株灌木的布置，最大限度保持风路的通畅，但显而易见，这种做法在实际操作中并不可行。比较可行的做法是，在景观设计中把握绿化与通风的平衡，既注意"架空层主导风向沿线不种植大株贴地灌木"这一大原则，避免景观植物阻碍风路，又要灵活利用气流盲区来设置植物，比如在风路上种植枝干较高、挡风较小的乔木，或者紧靠剪力墙来种植植物等。通过这些措施，可以实现既保证足够绿化空间，又使架空层发挥最佳通风效果的目的（图 3-2-7）。

3.2.3　利用绿化改善住区通风

景观绿化对住区外部的自然通风有重要意义。通过有组织的绿化可以引导、控制气流，加强建筑物的自然通风效果，绿化的高度、密度、组合方式等与建筑物平面的关系均可对建筑室内外风环境产生影响。研究认为，地面上的植物对气流具有四种作用，即遮蔽作用、过滤作用、导引作用和偏向作用。其影响的程度视植物的种类及其种植方式而不同。适当布置建筑物四周的植物，在夏季可以增加通风（有利于散热及防潮湿），冬季则可以达到防止强风侵袭的效果（图 3-2-8）。

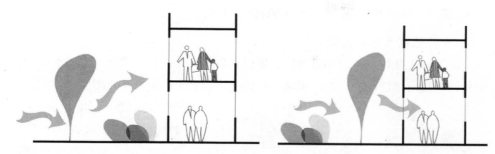

图 3-2-8 绿化与通风关系示意图

利用植栽控制气流，可具体采用以下几种方法：

1）下层开放的植栽计划。枝叶较疏的树可让凉风吹过，浓密的大树及林下灌木则可阻挡强风的侵袭。因此，在冬季季风盛行的方向宜种植浓密的大树或灌木丛，而在相对的方向种植下层开敞的乔木以利于通风。

2）防风林应与季节盛行风向的方向垂直，在树高 5 ～ 10 倍距离范围内最具防风效果。

3）建筑物通风口最恰当的位置应是风面的低矮处，因此，如在夏季季风盛行方向需要植栽时，应选择下层较宽敞的落叶乔木，并应避免种植灌木阻挡季风的通风路径；而在冬季主导风向上可以种植枝叶茂密的大树（图 3-2-9）。

4）在庭院中有计划的植栽可以将气流有效地偏移或引导，使气流更适于建筑物的通风计划。

5）如果利用蔓藤架作为开口部的遮阳，必须在窗口爬藤间设置适当空间，以免阻挡原有的气流。

6）建筑物或活动频繁的场所应安置在有遮阴树或大片草坪等有冷却空气效果地区的下风处。

在能源紧张和生活空间高质量需求日益强烈的双重压力下，增强住区自然通风的设计实践，可以保证生活空间品质提升的同时低碳实现。

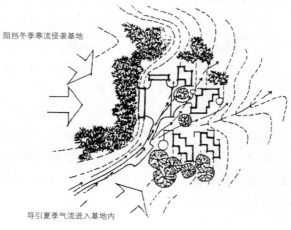

阻挡冬季寒流侵袭基地

导引夏季气流进入基地内

图 3-2-9 低密度簇群规划的外部植栽分析图

3.2.4 复合型住区方案的通风优化分析

1）高低结合方案优化分析

以宜兴市某住区开发项目为例，通过对典型住区的风环境状况进行专项模拟分析，来提出相应的通风设计策略。具体通过建立小区整体及户型的三维实体模

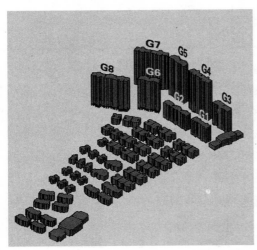

型（见图 3-2-10），用 Flovent 软件分别对小区在夏、冬季的室外风环境，以及高层住宅户型在夏季的室内通风状况进行模拟分析，取得了明显的测算结果。

模型中共计 5 栋高层、3 栋小高层，以及若干栋低层，建筑遵循南低北高的排布原则，G8、G6 两栋高层采用了低层架空处理。根据宜兴当地气象资料，设定基地的夏季主导风向为东南风，风速 3 m/s；冬季主导风向为北风，风速 3 m/s。

图 3-2-10 测试案例的三维模型

测试面高度分别为 1.5 m、10 m、30 m、60 m，其中重点对 1.5 m 高度地面活动层进行了分析。

（1）小区室外风环境（夏季·东南风）

通过风速云图（图 3-2-11）可见，建筑间距对通风产生了显著的影响，最后两排高层住宅之间由于间距较大，风速就相对最高。别墅区和其北侧高层住宅之间也有相似的情况。别墅区由于建筑布置稠密，内部风速普遍在 0.4 m/s 左右，与高层区相差较大，考虑到风向为东南，这与其不利导风的并列式布置形式也有较大关系。G8、G6 两栋高层采用的底部架空并未体现出实际意义。

整体来看（图 3-2-12 至图 3-2-14），小区夏季通风相对较差的区域主要在别墅区，G8 号住宅的架空层对后部建筑影响很小，对于通风的改善几乎没有意义，而 G1、G2 号住宅如做成架空，将会对该区域风环境有积极的影响。因此住区规划设计中的架空层必须根据通风状况进行设置，否则会适得其反。此外如果将别墅区改为迎合东南风的斜向错列式布局，该区域的内部风环境将会得到进一步改善。

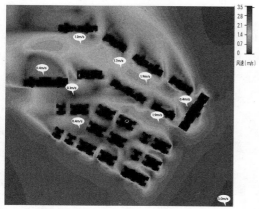

季节：夏　风向：东南　风速：3 m/s

图 3-2-11　夏季风速云图

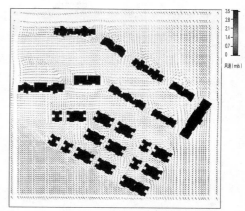

图 3-2-12　夏季风速矢量图

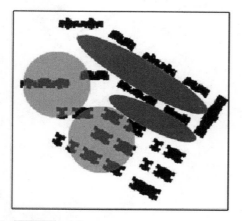

　　风速较低区域

　　风速较高区域

季节：夏　风向：东南　风速：3 m/s　测试面高度：1.5 m

图 3-2-13　夏季风速分布示意图

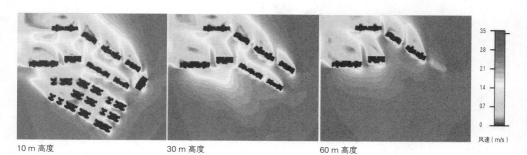

10 m 高度　　　　　　　　30 m 高度　　　　　　　　60 m 高度

图 3-2-14　不同高度夏季风环境分析结果比较

（2）小区室外风环境（冬季·北风）

北侧高层建筑群在北风条件下显示出很好的挡风效果（图3-2-15），可以明显看到后两排高层建筑有效抵御了风向别墅区的侵入，别墅区自身密集的群体布局使其内部风速进一步降低，在不少区域近乎停滞。另一方面，高层建筑群的行列式布局使其横向间隔构成了北风的风道，所以仍有部分北风向南侵入。

整体来看（图3-2-16至3-2-18），南低北高的建筑布局体现了较强的季节适应性，较好地起到遮风的效果。部分北风侵入的问题，可以通过调整建

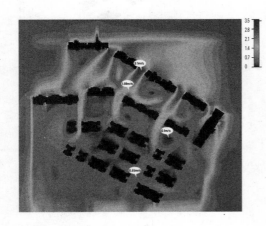

图3-2-15　冬季风速云图

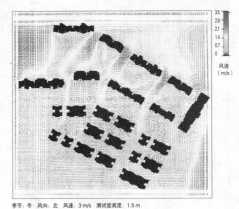

季节：冬　风向：北　风速：3m/s　测试面高度：1.5m

图3-2-16　冬季风速矢量图

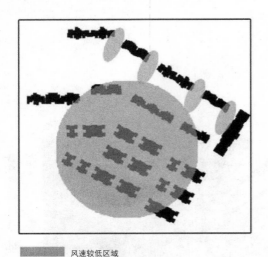

　　风速较低区域

　　风速较高区域

图3-2-17　冬季风速分布示意图

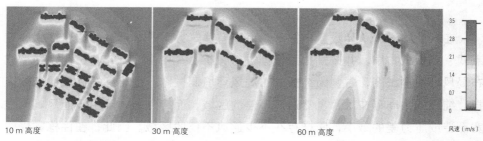

| 10 m 高度 | 30 m 高度 | 60 m 高度 | 风速 (m/s) |

图 3-2-18 不同高度冬季风环境分析结果比较

筑布局形式来加以改善，如将两排高层住宅改为错行式，利用其形体实现对北风的遮挡，同时将原有的 G8 架空层取消，避免北风穿过架空层向南渗透，可以进一步提高冬季风环境的舒适性。

2）板点结合方案优化分析

板点结合方案优化分析模拟选取了苏州市某高层住区作为案例（图 3-2-19），案例位于苏州工业园区金鸡湖北岸，住区整体上呈南低北高、南松北紧的布局形式。南部住栋采用曲线式布局方式，多以点式或二、三单元板式住栋为主，层数分布在 18~24 层，住宅间距较大。其中，东侧沿路板式住宅、中部两单元板式住宅以及西侧部分点式住宅采用了底部架空的形式；中部及西侧各自形成的中心组团中设置下沉庭院；而住区的北侧则采用了相对紧密的直线并列式布局方式，住栋多为 30 层以上。

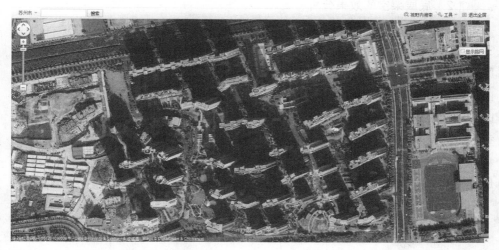

图 3-2-19 苏州市某高层住区总平图

（1）点式与板式布局方案对比分析

在保证同样的单元数量前提下，将原有建筑方案进行拆分和组合，组成纯点式、纯板式布局，并分别建立模型进行分析，其中图3-2-20左侧为纯点式布局风环境测试图，右侧为纯板式布局风环境测试图。由于建筑体量的连续阻挡，纯板式布局存在大片自然通风不佳的区域，而纯点式布局由于通风间距过宽而造成压力差的减小，同样存在不少通风不佳的区域。因此，在住栋布局时需要注意结合板式和点式布局各自的优点，在夏季风的上风向布局可较为宽松，下风向布局可适当紧缩，如在小区的东南方向松散地布置点式住栋，北部设置紧凑的板式住宅，通过板点结合的布局方式来取得更佳的通风效果。

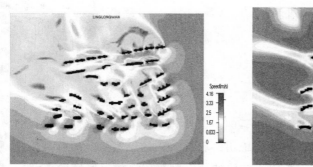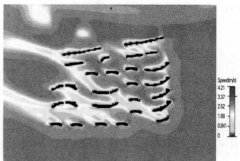

图3-2-20　纯点式（左）与纯板式（右）部局风环境测试图

（2）底层架空的效果分析

依据实际建筑方案建立模型，分别模拟底部架空层取消前后的情况。图3-2-21中左图为采用底部架空的小区实际情况风环境测试图，右图为取消小区原有底层架空后的风环境测试图。从图中可以发现，原有的架空层被取消后，由于气流受建筑阻隔严重，住区内部基本被风影区覆盖，而采用底部架空的住区方案情况明显较好，说明了底部架空措施的重要性。综合从经济性和规避冬季寒风的角度考虑，住区并不适宜全部架空，如要达到将气流引入内部的目的，将处于夏季风上风向的部分住栋底层架空就可以实现，同时结合水体、开敞绿地等措施，通风效果将更加明显。

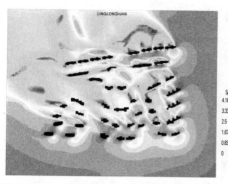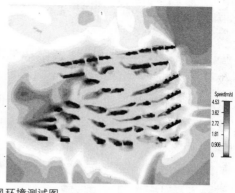

图 3-2-21　底层架空（左）与取消底层架空（右）风环境测试图

3.3　绿色住区交通系统研究

从低碳的角度构建绿色住区交通系统，需要重视公交优先的建设原则。从住区选址时，就要考虑该片区公共交通的发展情况，考虑地块与大居住社区的关系，避免孤立选址。住区的道路体系规划要尊重上位控规及详规中道路路网的密度，以保证住户到住区边缘的公交站点的距离控制在合理的步行范围内。住区的入口设置也要考虑与公交站点的距离的关系，便于居民出行乘坐公交。

要实现公交优先，不仅住区的周边要有良好的公交网络，并且要注重住区中支持公交出行的人性化道路体系的设计。另一方面，随着社会经济的发展，私家车不可避免地成为越来越多居民的重要交通工具。如何处理好舒适的步行生活和快捷的汽车生活之间的关系，如何从低碳、绿色的角度规划机动车在住区中的停放是本文重点关注的问题。

3.3.1　鼓励公交出行的人性化道路体系设计

1. 选取合适的住区交通组织模式

住区交通系统包括步行交通、机动车交通和静态交通（停车）三部分，其交通组织主要有人车分流、人车混行、人车分流与混行混合系统等三种模式，无论是人车分流还是人车混行模式，都有着不同的适用范围。

完全的人车分流模式适合规模小密度高的住区。这种交通组织模式不仅在平面上并且在立体上使人车分离，减少了地面停车对小型住区本来就紧张的开放空间的占用，避免了人、车以不恰当的密度出现在住区中对人群之间的和谐关系的破坏，增加了舒适、安全的居民室外活动与交往的空间，促进住区活力，保障了人行的舒适与安全。

如果规模较大、居住密度为中低密度的住区仍然采用人车分流的模式，不仅会造成道路面积占用大量用地、土地利用不集约，同时会给居民的日常生活带来很多不方便，如停车后回家步行距离过长，乘坐出租车购物回家时需要提着较重的物品步行很长的距离，搬家运输家具不便，等等。这种模式对于开车者也不够人性，因为大范围进行人车分流，开车回家的住户在"一路溜边开"的交通设计强制下，错过了住区的核心精彩空间。在保证住区环境质量品质的前提下，对于大规模中低密度的住区，"人车混行道路系统"是一种值得推荐的交通组织模式，其优越性主要体现在：

（1）人车混行，但各行其道。这样可以增加道路的城市氛围。在承载交通功能的前提下，以街道生活为主题的人车混行道路增强了道路空间的街道生活感，通过道路与沿途各种类型、大小活动场地的串联，使原本呈线状的街道空间变成由点、线、面相串联的形态丰富的活动场地系统，成为承载住区多种类型公共活动的舞台。

（2）改善了使用私家车的住户回家路径上的体验，他们回家不再仅仅是在住区外围绕行，经过乏味的机动车道，再由停车场绕回家，而是可以穿行于丰富多彩的住区景观之间，甚至可以暂时停驻在路边的沿街停车带上，与邻居交谈或购买生活用品。与住区相配的就近路面停车场也使他们可以缩短回家的路线。

（3）纯粹的车行道，会使驾驶员麻痹大意，加快车速，给偶然经过车行道的行人带来危险。由于在道路设计上的人车混行考虑，必须设置清楚的车行道减速装置、过街装置、分流装置，可以使小区内道路上的车速减缓，行人安全更有保障。

（4）人车混行相对人车分流而言，道路资源更加集中，节省了道路占用的土地面积。

2. 鼓励步行的道路设计技术要求

鼓励公交出行，创造出宜人的步行环境是十分必要的。既要保证道路的交通安全、便捷，又要保持街道活力、处理好人与车的关系是道路系统设计需要重点解决的问题，可以从以下技术层面加以控制。

（1）道路断面

针对不同的道路等级，设置道路断面标准，为住区所有道路使用者（驾车、步行、骑自行车、残疾人）提供顺畅、安全、方便的交通环境，并保证其舒适性以及避免各类交通工具的冲突，同时尽可能保证道路建设的经济性的目标（图 3-3-1，图 3-3-2，图 3-3-3）。

图 3-3-1 居住区级道路示意图

另外需要强调，《城市居住区规划设计规范》中对于各级道路的路面宽度的规定是一个范围值，在设计道路的机动车道路宽度时要从住区的规模、住区停车主要解决方式、住区的主要居民构成（拥车数量）考虑，制定适宜的、经济的道路断面。

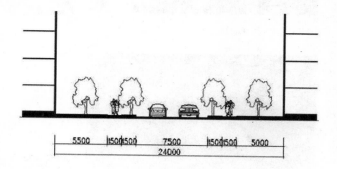

图 3-3-2 住区小区级道路断面示意图

（2）道路装置

道路上的交通装置包括减速装置、人行道（过街）装置、交叉口装置、分流装置等。道路装置的合理设置，可以有效提升住区内部的交通安全性。

① 减速装置：主要用于交叉口、出入口或者

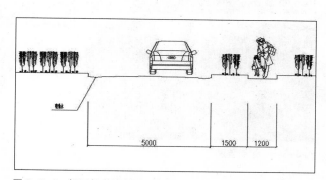

图 3-3-3 组团级道路断面示意图

直线型路段比较长的道路上。它的作用一是防止拐弯和进入住区的车辆车速过快，二是防止车辆在直线型道路上加速。典型的减速装置形式为：在车道上设一处小弯道，弯道两端设两条卵石带，弯道拱起坡使汽车经过弯道速度减缓（图3-3-4）。

② 人行道（过街）装置：是一条过街的斑马线，人行道比车道标高要高

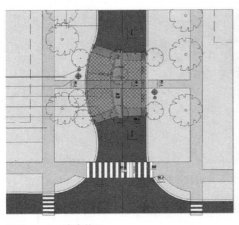

图 3-3-4　减速装置

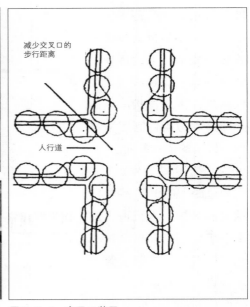

图 3-3-5　过街装置　　　　　　　图 3-3-6　交叉口装置

10 ～ 15 cm，人行道进入车道应设斜坡以确保"无障碍"。一般在人行道一段设高杆灯提供照明，并设一个垃圾桶（图 3-3-5）。

　　③ 交叉口装置：在交叉口处向车道方向加宽人行道的宽度，以起到如下作用：一是减少交叉口过街的步行距离；二是通过这样的方式变窄了车行道，强迫机动车在交叉口处减速（这种方式也可以配合路边停车的设置）（图 3-3-6）。

　　④ 路面铺装：选择合适和不同色彩的材料铺设道路，注重材料细部线条、

质感、拼接方法、色彩的美观设计，提高道路的观赏性和趣味性。步行道路铺装利用其视觉效果，引导居民视线。在住区步行道路铺装设计中，常采用直线形的线条铺装引导居民前进；在需要居民停留的场所，则采用无方向性或稳定性的铺装；当需要居民关注某一景点时，则采用聚向景点方向走向的铺装。

3. 鼓励步行的道路景观设计

1）设置"飞廊"

飞廊的设计最早见于香港公屋的设计中。飞廊架于联系住栋与住栋之间的步行道路之上，一直设置到住区的出入口处，甚至到公交站点，属于建筑之外的景观构筑物。当居民进入住区之后就可以避免日照雨淋，同时减弱了高层尺度带来的压抑感与不安全感（图3-3-7）。

连廊系统比较适合长三角夏季炎热多雨、冬季潮湿阴冷的气候，景观长廊集中于住区内部，联通住宅单体、公交站点及其他公共设施，为居民提供了完整的步行系统，有利避免人行与车行系统的交叉，以形成安静的住区环境。下雨天，居民可以在长廊通行无阻；艳阳天，居民可以在长廊遮阳纳凉。长廊不仅具有实用性的功能，还能提供介于建筑和景观之间的"灰空间"，成为小憩、休闲、聊天的公共场所，增进居民间的交往活动。

2）丰富步道的沿路景观

步行道路两旁应该有变化的景致，种植层次丰富的绿色植物、构建雕像等小品，激发人们行走时的兴趣，并且充分考虑其在住宅区的景观及空间层次建构、形象特征塑造方面所起的作用，为邻里交往的发生创造机会。在通过对居民回家路线的调研中发现，穿越中心景观，并设置吸引人的休息场所或景观节点，

图3-3-7 香港公屋中的"飞廊"与中国某楼盘借鉴"飞廊"的连廊

会使居民产生停留的意愿，不仅使人不易觉察回家路途的遥远与辛苦，而且给人愉悦舒服的心理感受。我们在杭州金都城市芯宇住区（图3-3-8、图3-3-9、图3-3-10）中调查，发现从已经标记的住栋走到大门出口，若行走于主环绕道路，有188 m的距离，而若从住栋间和中心景观中穿行则有208 m的距离，但是视觉上不同的景观效果却潜在影响了心理感觉中的步行距离，使得穿越中心景观并不比走主环道感觉远，反而更轻松。

图3-3-8 杭州金都城市芯宇从住栋行走
到入口的不同道路

图3-3-9 杭州金都城市芯宇景观步行
道的沿路风景

图3-3-10 杭州金都城市芯宇主环绕道路的沿途景观

住区步行道路系统的的精心设计，不仅可以提升住区的舒适性和空间品质，同时有利于促成良好的人行环境的形成，从而鼓励居民的公交出行。

3.3.2 住区阳光地下车库设计

土地资源的紧张，使得高层高密度的住宅建设模式成为大部分城市的必然选择。住区容积率增加，居住密度增加，必然带来住区相对拥车数量的增加。同时，随着小汽车的家庭拥有率越来越高，各城市规划管理部门制定的机动车位配比越来越高。以南京为例，现在 80 m² 以下的户型，车位配比为 1:0.3，而 2011 年 1 月后新的规定为 1:0.8，可见合理地解决住区中的停车问题显得越来越重要。

地下停车是目前解决停车问题的主要方式。由于传统全封闭地下车库存在封闭单调、与世隔绝、阴暗潮湿等种种问题，空间体验感很差，与人们对生活空间品质不断提高的追求不相适应，这使得地下停车空间设计的改革与创新势在必行。实践中发现，阳光型地下车库是解决这一问题的有效途径。所谓阳光型地下车库，是指车库与室外有着直接的联系，它可以是半地下停车库与室外保持一定的开敞面，也可以是地下车库通过一定的设计处理使它与室外能够直接沟通。它具有多种多样的形式，可以在不同的地区、不同的住区项目中大放异彩。

1. 生态型阳光地下车库的建设意义

1）改善停车空间环境

生态型阳光地下车库有助于解决传统地下车库存在的以下问题：

①天然光线问题。天然光线严重不足，因而采光依靠人工照明，消耗了大量的电能。另一方面，缺乏自然采光与通风，车库潮湿，容易滋生真菌；汽车排放的大量有害尾气短时间内滞留在车库中，使环境进一步恶化。

②声环境问题。一方面，车库空间机械噪音强度很高；另一方面，因与地上噪音源完全隔绝，缺少正常生活中应有的声音，造成绝对的安静，也会使人产生不良的心理反应。

③可识别性问题。停车空间千篇一律，缺乏室内可识别系统设计。停车空间虽然是一个功能性很强的空间，但其舒适程度将影响其使用效率。

2）节省开发成本与运营成本

生态阳光地下车库的建设成本和后期运营成本相对较低，由于采用自然通风采光方式，有效降低了车库通风照明的能耗，白天基本可以依靠自然采光或配置少量人工照明,可以大大节省居住的公摊电费,降低业主的居住生活成本。车库作为具有较高使用频率的空间,良好的空间环境可对业主的身心健康产生积极影响,间接减少了业主的健康投资(表3-3-1)。

表 3-3-1 生态阳光地下车库相对的建设成本

单位:元/m²

全地下封闭	全地下开敞 (生态阳光型)	半地下封闭	半地下开敞 (生态阳光型)
约 2250	约 2150	约 2000	约 1920

3)形成车库与住区环境的一体化,增加环境的空间层次性

半地下车库通过疏散楼梯间、正压送风口、车库出入口等与外部住区环境有着紧密的联系。对半地下车库与环境进行系统的规划设计,有利于促进车库自身空间环境的改善以及小区环境的美化。如全地下阳光车库的开敞面以及屋顶采光面可以结合住区的下沉庭院与园林绿化统一设计,丰富住区的景观层次。

通过研究阳光车库与环境的一体化设计,研究地上、地面、地下一体化小区环境的形成特点,有利于促进形成丰富的小区空间层次,促进人们的交往,进而提高住区环境质量。

2. 阳光地下车库的设置形式

经过对长三角地区的 29 个绿色示范住区(基本建成于 2005 年以后)进行实地调研,发现有 11 个住区都不同程度采用了阳光车库的形式(表3-3-2)。这说明阳光车库已经得到了长三角地区开发商和业主的认可,成为新建绿色住区中重要的车库形式。虽然这些案例都有意识地对阳光加以了利用,但由于车库设置形式的不同,实际效果存在较大差别。

目前阳光车库的设置形式主要有平天窗全地下阳光车库、抬高式半地下室阳光车库、下沉庭院式全地下阳光车库、底层架空式全地下阳光车库等。把握这些形式各自的特点,是提高地下车库空间品质的关键。这些形式各有优缺,设计中可以根据情况灵活组合运用。

表 3-3-2 长三角地区地下车库的自然采光方式统计

居住区	建成时间	车库采光形式	采光口位置	自然采光比重
南京西堤国际	2008	平天窗	室外地面	小
南京银城东苑	2005	平天窗	室外地面	小

续表

居住区	建成时间	车库采光形式	采光口位置	自然采光比重
南京和府奥园	2012	平天窗	室外地面	小
南京朗诗国际街区	2006	平天窗	室外地面	小
南京聚福园	2003	半地下室	室外地面	中
无锡朗诗未来之家	2011	下沉庭院	车库侧面	小
苏州万科尚玲珑	2010	下沉庭院	车库侧面	大
苏州金湖湾花园	2007	半地下	车库侧面	小
海安中洋现代城	2008	下沉庭院	室外地面	大
常州中意宝第	2011	庭院 + 天窗	车库侧面	大
扬州帝景蓝湾	2011	下沉庭院	车库侧面	中

（1）平天窗全地下阳光车库

通过在顶部设置平天窗的形式进行自然采光和通风，是地下车库最常用的做法（图 3-3-11）。该做法构造简单，采光效率较高，既实现了自然采光又保持了车库内部空间的独立性，维护和管理比较方便。但由于平天窗的构造特点，这种形式会减少住区内部的有效活动面积，并且常规的平天窗基本为全封闭构造形式，未能发挥通风功能，对自然界面的利用不够充分。

（2）抬高式半地下室阳光车库

抬高式半地下室阳光车库通过抬高地下室顶板，而使地下室露出地面，通过开侧高窗以满足地下室室内通风采光，可以在实现自然采光的同时降低工程造价，减少业主出入车库的高差（图 3-3-12）。但是，由于一般需要利用竖向高差，会增加高层住宅消防扑救的难度；同时有些地区规划管理条例规定当车库顶板高于道路标高 1.2 m 时，车库面积将计入容积率（受梁高的影响，1.2 m

图 3-3-11　平天窗全地下阳光　　图 3-3-12　抬高式半地下室阳光车库
　　　　　　车库

高度很难实现较好的开窗），这些限制使这种车库形式应用相对较少。

（3）下沉庭院式全地下阳光车库

下沉庭院式全地下阳光车库通过将住区中的局部场地下沉形成下沉庭院，利用庭院四壁形成的采光面对车库进行侧面采光。根据庭院的面积大小和功能设置的不同，分为两种活动庭院和景观庭院形式。

① 活动庭院：活动庭院的面积相对较大，可设置篮球场和健身器材等公共活动设施（图3-3-13）。这种形式，在实现地下室采光功能的同时不牺牲住区有效的活动面积，并且在下沉式庭院设置篮球、网球等噪声较大的活动设施可以减少这些设施对居民生活的干扰。

② 景观庭院：景观庭院面积相对较小，多以绿化种植或铺地为主，庭院四周与车库的界面为全开敞式，增加车库的采光与通风量。这也是目前下沉式庭院中采用较多的一种形式。由于这种庭院一般不供人们活动使用，建议设置在阳光不好的位置，避免侵占居民有效活动场地。

（4）架空层连通式地下阳光车库

阳光车库中的采光口还可以与住栋底部架空层相联系（图3-3-14）。高层住宅往往是剪力墙结构，如果剪力墙不进行适当转换，并且当日照条件与景观条件不好时，架空层的利用率是比较低的。如果利用架空层底板设置采光口与地下室连通，不仅减少了由于剪力墙较密集架空层不便使用的区域，也使地下入户大堂能够实现自然采光通风。

这种方式对机动车库停车区域的采光通风作用还是比较小的，所以一般结合其他方式共同使用。

图3-3-13 下沉庭院式全地下阳光车库　　图3-3-14 架空底层式全
地下阳光车库

3. 采光口的设计方法

天窗采光作为地下车库的主要采光形式，其位置的选择、大小的确定，乃至构造做法都对室内采光效果有重大影响，有必要对采光口的具体设计方法进行探讨。

（1）位置的选择

为实现较好的采光效果，采光口位置的选择需要遵循以下原则：

①均匀分布。在采光面积相近的情况下，采光口的位置不同，地下室的采光效果也差异较大。在具有多个采光口的情况下，为使自然光线分布尽可能均匀，采光口理应均匀分布。

②分布于车库使用频率最高的空间上空。采光口可以结合地下车库的车行道设置，地下车库中更多需要采光的地方是活动较多的地方，如楼梯，车行道等位置。

③分布于对地面活动影响较小的位置。采光口设置的位置不仅考虑地下车库内部的需求，同时要考虑上部对地面活动空间的影响。采光口的设置会减少居民的地上活动面积，所以在长三角地区，我们建议采光口的位置最好设置在日光照射差、居民通常不愿意活动停留的空间，这样可以尽量避免减少有效活动场地的面积。

④下沉庭院式采光口要满足防火规范要求。由于车库和地面建筑属于不同的防火分区，车库采光口的位置需要与地面建筑隔开合理距离。

（2）大小、数量的确定

采光口的大小对采光效果有很大的影响，实际案例中采光口一般以7.5 m × 6.6 m左右的轴网尺寸为基准（图3-3-15）。调研发现，现有阳光车

图3-3-15 现有车库采光口一般以柱网为单位开设

库均存在天窗数量偏少且分布并不均匀的问题，由于自然光入射量有限，实际还是以人工照明为主，仅仅解决了传统地下车库"与世隔绝"的问题。要真正提高地下停车空间的生态性，必须提高自然采光在车库光源中的比重，使人与外部空间的可接触面积最大化。

确定采光口的面积大小和数量的建议做法如下：

①择定室内照度标准值。《建筑采光设计标准》并未出台对于地下车库的专门规定，我们可以参考仓库等室内空间的照度标准，结合标准中对不同场所室内天然光临界照度的规定，选择 100 lx 为计算标准。

②根据照度计算公式和项目所在地区的计算条件，确定车库实现自然采光所需的理想开口面积（参见《建筑物理》）。

③综合考虑室外用地功能和室内照度标准值，确定实际可开启的天窗数量及大小。

④不足部分通过结合建筑底层天井的形式加以弥补，余下部分再采用人工照明方式，使自然采光的比重达到最大化。

（3）可变性设计

无论何种采光设置形式，其采光口如果是恒定封闭或开敞的，将会存在以下问题：由于地处夏热冬冷气候区，长三角地区夏季酷热而冬季寒冷，在酷热的夏天，封闭的采光口不利车库内部的自然通风，而在寒冷的冬天，开敞的采光口会使车库内部空间寒冷。从提高业主使用舒适度的角度出发，将车库采光口设置为可变形式，使其随着气候的变化改变开合状态，在夏天和冬天分别发挥通风和防风的功能，将可以有效改善地下车库室内环境质量。

以平天窗式全地下阳光车库为例，适当抬高天窗高度，利用天窗与地面的高差开设窗口，由于车库内部与天窗窗口存在一定的空气温度差，可以利用热压原理实现较好的自然通风（图3-3-16）。

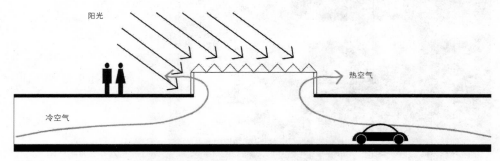

图 3-3-16 采光口可以在热压作用下发挥通风功能

（4）采光口与室外景观的一体化设计

将采光口与观赏性景观结合，使原本单纯服务于车库采光的采光口变成住区中的景观景点，可以通过多种做法实现，具体的形式有：

①采光口下方做景观庭院（天井）。采光口下方由四面玻璃墙壁围合，内部做人工造景，上空不做封闭处理，成为下沉式景观庭院（天井）。这种做法可以使人们在室外地面观景，也可以通过楼梯直接下到庭院内休憩，成为住区景观体系的有机组成部分。

②采光口上部做水池。在采光口上做水池，下部以玻璃为底面，可以一举两得：在内部，变幻的光线既可以实现采光，又可以增加车库内部的空间趣味性；在外部，水池作为小区内部自然景观的一部分，满足了居民的观景需求。实例如苏州的仁恒双湖湾花园。

③采光口上空做景观小品。除了依照轴网单位开设的大型采光口，还存在部分分散式的微型采光口。由于这类采光口开口狭小，可以在其上方一定高度的位置设置小花池或雕塑等小品，下部留窗以满足采光和通风。通过这种处理，采光口成为住区景观体系中的点元素，可以起到活跃外部空间气氛的作用。

④采光口上空做公共活动空间。在采光口上方一定高度的位置做公共活动用的平台、休息亭（或其他用途），平台下的四个壁面可以做成可开启的采光通风窗。该做法可以实现对土地资源的立体利用，既避免因采光口的设置减少地面实用面积，又增加了公共活动空间，使外部景观具有高差变化（图3-3-17）。

阳光车库设计的最终目的，是要使地下停车空间走向生态化，这并不是单纯依靠自然采光就可以达成的，除了这一点，还可以结合室内绿化造景来增加车库内部的自然气息，以及采用机械停车来提高车库的空间利用率，以便为生态化设计提供空间等，不一而足。相信随着住区整体建设水平的不断提高，阳光车库的应用会越来越普及，相关的研究成果也会越来越丰富。曾经"非主流"的地下车库，将会见证我们生活理念的进步与改变。

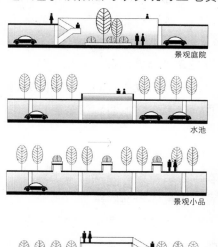

景观庭院

水池

景观小品

活动平台

图3-3-17 采光口的设置形式

3.3.3 住区地上停车场生态设计

作为私人小汽车的重要起讫点,居住区承担着重要的停车任务。但与此同时,超负荷的停车不仅影响居住区内的交通,还带来噪声污染、景观杂乱等诸多问题,居住区停车与居住环境之间的矛盾日渐尖锐。从另一方面来看,传统的居住区地面停车场盲目追求停车容量,减小了绿化面积,既降低了居住区的景观效果,同时也不利于所停车辆的保养,已不能满足当代居民追求高质量生活的要求。因此,生态式停车场作为新兴的停车方式进入居住区,受到越来越多居民的认可。

1. 生态地上停车场特点

根据我们的调查可以了解到,当下 59% 的住区设有地上停车场,但是部分住区机动车停放混乱,且运用到生态绿化形式的地面停车较少,出现停车位占用绿化面积严重、停车位积水等问题。我们建议住区选择建造生态停车场,主要是因为其有以下几种特点:

(1)高效利用土地资源。因为同时集成了乔灌木种植和植草地面,所以在有限的场地范围内,既能满足场地内的停车场建设需求,同时又有效提升了城市绿化覆盖率和生态功能。

(2)吸收废气、噪音。在停车场地范围内,由于进出的汽车相对集中,汽车行驶引起的废气、灰尘、噪声污染均相对比较严重,有针对性地在停车场地内增加吸收性强的绿化树种,可有效利用绿化植被吸附废气、灰尘,隔离和吸收掉绝大部分的噪声,有效控制并减少污染扩散,能够显著改善区域内的生态环境质量。

(3)降温、改善热岛小气候。在我国长江三角洲地区的夏季炎热季节,生态停车场的遮阳设置对于汽车室内具有显著的遮阳降温效果,同时也能改善区域小气候,避免普通停车场普遍存在的因大面积露天硬质地面和汽车直接受阳光辐射及其反射给区域环境带来的不良影响。

2. 生态绿化形式

地面停车相比地下车库可以减少开发成本,因此一直是开发商用于解决住区停车的一种主要形式。从目前的调研情况看,大量的地面停车位,影响了住区景观,侵占了居民的户外地面活动空间。因此,本文提出适宜的绿色生态地面停车场设计,它是一种复合景观的设计策略,不仅满足停车功能,同时作为景观空间纳入住区景观体系。

绿色生态的节地式停车场可以占用较少的用地满足停车需求,同时创造舒适的停车景观环境,减少住区的热岛效应。其设计包含以下内容:铺装(平面绿化）类型选择，停车场种植优化模式，节地停车位布置模式。下面将针对三点内容展开论述。

（1）铺装类型选择

停车场地面铺装要做到生态化，建议材料的选择采用绿色建筑材料，既可重复使用，又不污染生态环境，并且可以达到减少地面热辐射、增加绿化面积、减少对环境的负面影响等目的。当前地上停车场的生态铺装形式主要分为三种类型，分别是植草地坪、超级植草地坪、透水铺装。

① 植草格

植草格是一种新兴的停车场绿化用材，实现了草坪、停车场二合一（图3-3-18）。植草格在绿化效果上，由于其特殊的孔装结构，雨水可以被直接引入泥土，具有良好的渗透性，便于草的生长，可以提供 95% 的草坪覆盖率；植草格自重轻、便于运输，且因其采用高密度聚乙烯（HDPE）为原材料，耐压耐磨，承重能力可达 100 ~ 150 t / m²，防止土地轮胎挤压而凹陷变形，有效保护草皮，满足停车行走要求。在安装上，每块植草格互相错接，场地表面整合成一个封闭结构，将草皮连成一片，可以自由延伸、拆卸和再组合，安装方便且宜循环利用。由此可见植草格完全可以解决旧式植草砖易碎裂、易积水、草坪覆盖面积小等问题，并且在价格上，植草格 40 ~ 70 元 / m² 左右，价格便宜，适宜住区地上停车场使用。

② 超级植草地坪

超级植草地坪系统是绿化地坪与硬化地坪的结合，其通过钢筋将用模具制作出来的混凝土块连接起来，形成一个整体，再在空隙中填满种植土，播种或

图 3-3-18　植草格施工场景与种植成果图

栽种草苗来实现绿化（图3-3-19）。相比于植草格系统，在绿化效果上，采用"草包砼"方式，使混凝土更易于被草所覆盖，绿化面积可以达到60%以上，相对植草格可能略低一些，但并不影响整体绿化效果。植草地坪系统可以很好地解决暴雨冲刷形成的水土流失和硬化地面渗水能力差的问题，有利于地下水储备。在透水效果上，超级植草地坪会略好于植草格。由于其现场建造、钢筋连接、混凝土承重的特点，稳定性和整体性好过植草格系统，具有高于植草格的承载性，持久耐用。在成本上，超级植草地坪约200元/m²，因此，住区内部长久使用的车位上可以选择超级植草地坪。

图 3-3-19　超级植草地坪施工场景与种植成果图

③ 透水铺装

透水铺装是由水、水泥、粗骨料组成的地面铺装材料，内部存在着大量的连通空隙（图3-3-20）。相比普通铺装而言，透水铺装最主要的优势为拥有良好的透水性和透气性，提高了地表的透气性，保持土壤湿度，利于改善城市地表生态平衡。透水铺装的成本为200元/m²元左右。

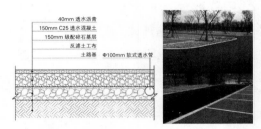

图 3-3-20　透水铺装构造做法与铺设成果图

通过三种铺地类型的比较，我们可以得出，若为了增加绿化覆盖率，住区内部的地面停车场适宜使用植草格和超级植草坪，住区规划内使用功能可能产生更改的临时地面停车场可以选用植草格系统，以便于日后更改并重新利用，具有长久停车需求的地面可以选择超级植草地坪。而透水铺装由于其成本和超级植草地坪相似，却无法带来绿化覆盖率，因此建议根据住区的实际情况选择使用。

（2）停车场种植优化模式

停车场的绿地分布应以不影响车辆正常通行为原则，包括车位旁的绿地，两排停车位之间的绿地，车位末端的绿地，回车广场、分隔带、行道树等的绿地，以及场地边缘的保护绿地等。停车场周边应种植高大庇荫乔木，宜设置隔离防护绿带，在停车场内宜结合停车间隔带种植高大庇荫乔木，庇荫乔木可选择行道树种。具体可从绿化平面布置方式、种植措施、立体绿化方式等方面入手。

① 经济的绿化平面布置方式

由于当下住区内部用地面积紧张，因此在生态停车场周边布置绿地需要寻求一种经济合理的尺度，既满足停车场车辆的庇荫效果，又在经济上减少成本开销。由此，我们根据不同的种植效果选择出了较为合理的绿化平面布置方式。

在建造过程中，设定室外车位宽度为 3 m，若种植穴的宽度为 1 m，首先我们考虑在土地面积允许的情况下，在车旁设置种植穴。

方案一（图 3-3-21）：在每个车位侧面设置种植穴，种植穴内种植乔木，则株距为 4 m，几年以后，由于生长位置有限，乔木间的树冠互相交错无法继续生长，由此可见此方案不宜实施。

方案二（图 3-3-22）：每隔两辆车设置种植穴，在其中种植乔木，乔木间的株距为 7 m，每辆车均可以被树阴遮挡，相比方案一土地利用率高。

方案三（图 3-3-23）：每隔三辆车种植乔木，则乔木株距为 10 m，三辆车的靠近树木的两辆车可以被树阴遮挡，中间的车辆则在早晚时间可以享受到树阴，此种方案的土地利用率较高，而景观观赏也较佳，比较适宜采用。

方案四（图 3-3-24）：每隔四辆车内种植乔木，则乔木株距为 13 m，四辆车靠

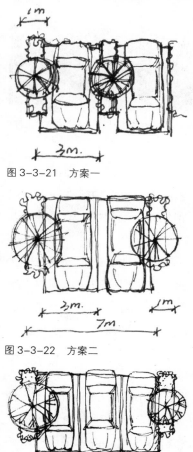

图 3-3-21　方案一

图 3-3-22　方案二

图 3-3-23　方案三

近树木的两辆车可以被树阴遮挡，中间的两辆分别早晚可以被少量树阴遮挡，土地利用率高，景观观赏较佳，比较适宜采用。

方案五：若隔四辆以上的车种植乔木，则无法为中间的车辆进行树荫遮挡，且景观效果也欠佳，不建议采用。

由上述方案比较得出，若土地面积允许，适宜在三辆至四辆车的间隔处设计车旁绿地，以此种植乔木进行绿化遮阴。

若住区的用地面积较为紧张，则可以取消侧面的种植穴，改在车后的带状绿地上设置种植穴，在此基础上种植乔木（图3-3-25）。相比较车位边的种植穴，此方法减少了绿化面积，

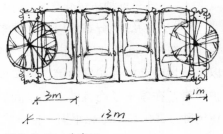

图3-3-24　方案四

图3-3-25　杭州金都城市芯宇经济性地上停车位

节约了用地面积，但是由于乔木种植于车辆后端，不能给车辆提供全面的遮阳。此方法同样需要考虑乔木的株距，可以考虑间隔2～3个车位种植大乔木，以防止过密种植抑制乔木的生长，又或种植过疏而不能给予车辆很好的遮阴效果。

② 种植措施

首先在树种选择上，应充分考虑到树形本身对下面场地的遮阴效果，以达到夏季降低车内温度的目的。居民小区停车场停的多是家用小轿车，场内乔木分枝点高度保持在2.5 m以上即可，枝条韧性要足够强，有利于停车场内进出车辆的行驶安全；同时，为控制项目投资成本，应选择根系发达、易于移栽的树种；为节约后期养护成本，应尽量考虑抗性强、病虫害少、耐干旱、耐瘠薄的树种。

其次在种植方式上，地面停车场内种植穴内径应不小于1.5 m×1.5 m，种植穴的挡土墙高度应高于0.2 m，并设置相应的保护措施。种植穴内可以布置相应的花灌木球和草皮，以丰富停车场地内的植物群落结构，或是采用乔木和微地形草坪相结合的方式，形成自然开敞的住区景观。

再次在景观效果上，应该考虑在停车场总体空间结构上体现绿化景观的连续性和层次感。通过常绿和落叶乔木的搭配混植，能够形成丰富的季相变化；

合理搭配花灌木球和草皮，突出点景，充分利用微地形草坪，形成具有现代城市特色的开敞性花园式的停车场空间。

③ 立体绿化方式

由于当下住区土地面积不富裕，可以通过立体绿化提高住区绿化覆盖率以达到减少阳光直射、美化住区环境的效果。一种形式是在停车位上方搭建棚架，棚架内或周围设置栽植槽以栽植藤本植物（图3-3-26）。藤本植物攀爬上架，与停车场周围配植的落叶乔木或具有一定高度的灌木形成一体的景观效果。攀缘植物要常绿、落叶搭配，保持不同季节的绿量，同时要保证棚下空间的净高度。采用棚架式的停车位，需考虑柱距不能影响车辆进出，要尽量减少前排柱位。

（3）节地停车场布置模式

在住区内的地上停车场主要可以分为两种形式布局，一种为集中式停车布局，另一种为分散式停车布局。由于当下住区内部用地面积有限，因此在对停车场设计时，除了需要在生态上考虑，也需要注意体现节地理念。

集中式停车因为造价低廉，解决大量的停车问题，方便居民使用，在住区中广泛采用。旧式集中停车不被大家提倡主要因为大量使用硬质铺地，影响住区环境品质，通过上述生态式的铺地类型已经可以解决这个问题。集中式布局可以采用多种方式布局车位，例如垂直式、斜列式，其中斜列式能在长度较长的地形情况下设置更多的车位，相对更加节地，而垂直式则可以增加更多的绿化面积。

分散式布局为采用地面停车的住区主要使用的方式。可以采用就近原则让

图3-3-26　上海朗润园、扬州京华城中城立体绿化停车场

住区内的车辆停放在道路或是住宅旁边，方便居民回家。这种方式可以使车位的服务半径多不超过 150 m，大部分的使用者感觉"距离适当"，停车就位率高。分散式布局停车若嵌入道路布局，则可以节约停车用地，但需要注意，相应的道路应该具备等级低、限制行驶车速低的特点，且停放的车辆应多为临时停靠或是夜间停靠，以此方便大众。分散式布局多采用垂直式和平行式停车（图3-3-27），其中平行式布局由于停车容量小，且停车难度大，因此不建议长期停放的车辆采用。

斜列式、垂直式停车因为使用广泛，需要被大家重视，在设置时可以结合道路的绿化部分尽量缩小停车位的占用面积。可以使汽车尾部或汽车前部占用行道树绿化带的部分上空，以减少停车位的长度，从而节约住区用地面积（图3-3-28）。

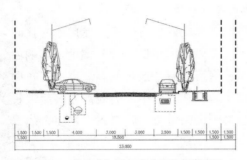

图 3-3-27　垂直式与平行式道路停车断面图

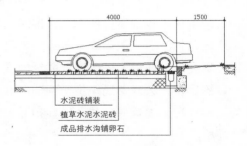

图 3-3-28　节地停车位布置模式断面图

（4）立体停车布置模式

当下在生态地上停车场的建造模式中，还兴起一种节地的立体停车库，采用竖向叠加的模式，取消坡道，高效利用空间。立体停车库可以在需要绿地和活动空间的住区内使用，并且无需占用大块地面，狭小场地即可。设立立体车库后，上下均可以停车，大大增加了住区地面泊车的数量（图3-3-29）。

图 3-3-29　住区内立体停车设施

并且根据立体车库的立面造型，可以考虑种植攀缘特性的植物丰富竖向绿化，在夏季为车辆遮阳，挡雨遮风，具有观赏性和节能性特点。但是由于车辆竖向停放，因此住区内规划时需要考虑立体车库具有一定的高度，会遮挡阳光，需要远离住栋，适宜设立在道路两边的停车位中或是设立在住栋侧边山墙面附近。

除了以上的设计方式，我们还需要注意停车场标示和照明设施的设立。其中，照明设施可以采用节能产品为主，长三角地区无冰冻，较适合采用荧光灯。而新兴的太阳能灯由于在绿色节能方面的优势被越来越多的住区采用。此外，当前建设生态地上停车场应注重降低对住区环境的不利影响，通过采用节能环保的建筑材料和本土性的植物景观，来营造更为绿色、生态、环保的住区地上停车空间，使其不仅具有改善住区视觉效果的功能，还能取得净化空气、吸收噪声，以及提升住区绿化率的效果，使停车场的建设成为实现现代生态型住区景观的重要组成部分。

3.4 住区生态水景研究

长三角地区地处长江、钱塘江、淮河三大水系之间，拥有纵横交织的水网系统，同时气候湿润多雨，具有得天独厚的水景营造优势。在调研中发现，约有 89% 的绿色示范住区应用了水景景观，丰富的实例为我们对住区生态水景使用状况的关注提供了便利。其中，约有 11% 的住区利用了住区周边的自然水系，引湖或河水进入住区塑造水景，约有 89% 的住区采用人工水景；约有 89% 的水景住区采用雨水回收技术做景观水源补充，但仅有约 15% 的住区同时采取了水处理技术。

这些案例集中体现出以下特点：集中式水景，具体体现为中心景观中的大面积湖面，由于有助营造大气观感而被广泛采用，但大面积水景存在维护难度大、水体易富营养化的问题；人工湿地等生态水处理技术与常规的人工硬质驳岸相比，具有显著的景观观感和生态优势，但在实际中的应用并不规范；对于高容积率和高密度住区而言，点状分布的小规模水景更适宜应用，但应用形式较少。因此本章着重推荐了几种水景生态化设计的方法，它们的效果经过本地区实践验证，适用于不同水景形式的住区，可以为长三角地区住区提供参考。

3.4.1 大体量水景利用人工湿地技术净化水体

人工湿地技术是将协调、自生、再生、循环等整体性技术特点引入到住区的水景设计中，通过代表物理、化学、生物三种作用的基质、水生植物、微生物来自净水体，最终形成一种恒定的生态循环模式，在无功耗、对环境友好的运作模式下改善住区内部的微气候。

住区内使用的人工湿地技术主要包括自由地表流人工湿地和潜流式人工湿地两种形式。总体来讲，自由地表流人工湿地适宜应用在中心水景的护坡、驳岸上，可以与住区的水体融合为一体，而潜流式人工湿地技术更适宜应用在水体之外临近水体的位置，与水体相互独立，两者可根据住区不同的景观条件被灵活选用。

（1）自由地表流人工湿地

① 自由地表流人工湿地技术的方法

自由地表流人工湿地，即通过水体流动于湿地表面以达到净化效果。其处理方法为（图3-4-1）：

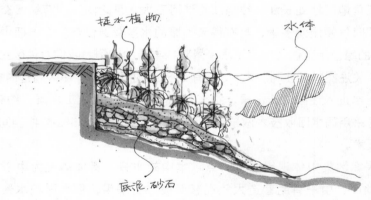

图3-4-1　自由地表流人工湿地方法示意图

在底部累积约0.45 m厚的砂石，之上覆盖一定量约0.15 m厚的底泥，并在底泥上维持有10～30 cm厚度的水体，在水中种植一些芦苇等观赏性较高的挺水型植物，植物根部的生物膜可以与污水发生反应，起到净化效果。该类型湿地与住区水体的护坡、驳岸等位置的造型特点较为吻合，当住区设有大面积的中心水景时，适合将中心水体的护坡变成人工湿地。

　　当下已有部分住区采用自由地表流人工湿地技术净化景观水。例如南京的招商依云溪谷（图3-4-2）、深圳万科第五园（图3-4-3）、上海朗润园（图3-4-4）、合肥碧湖云溪等。其中上海朗润园人工河道面积4640 m²，河道下游将水循环至河道上游面积约200 m²的人工湿地，形成生态自净的效果。净化后的水质好，无异味、无藻类，水体透明度为0.6 m左右。深圳万科第五园（图3-4-5）采取湖水循环的自由地表流人工湿地系统，人工湖的面积为2000 m²，平均深度为1 m左右，湖水量约为2000 m³，建造人工湿地的面积约为300 m²，治理后的人工湖水质较好，湖内无绿藻、无异味，透明度为0.7 m

图3-4-2　南京招商依云溪谷自由地表流人工湿地运用成果图

图3-4-3　深圳万科第五园自由地表流人工湿地运用成果图

图3-4-4　上海朗润园采用自由地表流人工湿地技术成果图

图3-4-5　深圳万科第五园采用自由地表流人工湿地成果图

左右。由上述实例可见，自由地表流人工湿地已经可以运用于水体体量达到1000 m² 以上的水景中，并可以发挥良好效果。

②自由地表流人工湿地技术的优势

自由地表流人工湿地具有较为鲜明的优势。首先，自由地表流人工湿地主要构件为水生植物与底泥，植物不需要特定的维护，因此投资低，运营管理简单。其次，自由地表流人工湿地可以成为住区中的一个小生态圈，原生态的环境可以为更多的物种提供栖息场所，从而丰富住区的生物多样性。

（2）潜流式人工湿地

①潜流式人工湿地技术的方法

潜流式人工湿地，即通过使水体渗入湿地的土层来达到净化景观水的效果。潜流人工湿地的处理方法为：在底部铺上 0.6～1 m 厚的介质（如特定的土壤和砾石），在其上种植根系发达的水生植物，通过水生植物沉淀污水中的悬浮物，通过底部介质和植物根系促进微生物降解，从而实现水体净化（图3-4-6，图3-4-7）。

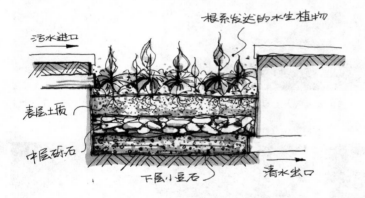

图 3-4-6 潜流式人工湿地技术方法示意图（一）

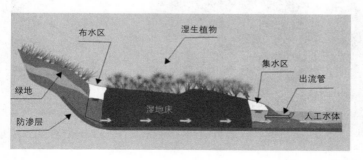

图 3-4-7 潜流式人工湿地技术方法示意图（二）

由于潜流式人工湿地的净化过程需要单独的水体运输，因此可以在临近水景的地面上采用水泥砌筑水道，水道的走向可以根据主水体的形状砌筑，成为水体景观的补充并使其形象得到强化；可以结合栈道、汀步等增加景观与人的互动，进一步加强景观效果；还可以将流态设计与潜流人工湿地系统相结合，在潜流式人工湿地中营造出小型瀑布、跌水景观或是涓涓小溪的效果。流动的水体可以加速充入水体内部氧的含量，营造出微生物适宜生长的环境，还可以活跃静态环境，增强景观趣味性。

图 3-4-8　合肥碧湖云溪采用潜流式人工湿地技术与流态设计相结合的跌水景观

长三角地区存在若干运用潜流式人工湿地的住区，例如合肥的碧湖云溪住区（图 3-4-8）、上海朗润园等。其中合肥碧湖云溪一期采用了潜流式人工湿地技术净化水体，住区的水系面积 5000 m^2，其中拥有 2000 m^2 的潜流人工湿地和 900 m^2 的自由地表流人工湿地，净化后的水体长期保持清澈和无异味的状态，透明度为 0.7 m。

② 潜流式人工湿地技术的优势

潜流式人工湿地与自由地表流人工湿地共同拥有投资成本低、运营维护简单的优势，但相比较自由地表流人工湿地，潜流式人工湿地由于水流向下渗透，流经的过滤层数更多，因此净化能力更强，相比而言可以使水体更清澈，更能满足人们的亲水需求。

（3）人工湿地技术的适用性

通过对两种人工湿地特点的比较，我们可以得出，人工湿地技术的实施必然要占用一定的地面面积，因此拥有较充足的地面面积，成为住区适用人工湿地技术的必要条件。由于居民需要较多的户外活动场地，因此，高层高密度的住区并不适宜采用人工湿地技术，低容积率、低密度的住区相比更适宜使用。

3.4.2　生物降解净化技术

住区水景的生态净化方法，除了使用人工湿地技术以外，还有一种不占用多余地面面积、净化效果显著的方式，就是使用微生物、水生动物、沉水植物的净化技术。该技术以在水体中形成自然生物链为目标，通过微生物降解污染、驯化食藻虫食用水体蓝绿藻、沉水植物营造池底生物循环的方式，来减轻水体富营养化状况，使水体达到自洁净状态。

1. 生物降解净化技术的操作方法

生物降解净化技术具有特定的操作规程：首先运用微生物降解污染物；随后投入食藻虫，让其食用藻类；当藻类大幅减少时，开始在水中种植沉水植物，固定池底底泥，并释放氧气，优选的沉水植物能在 3 ～ 4 周内将水净化到地表二类；沉水植物生长稳定后，按照比例放入鱼、螺、虾、贝等水生动物，食藻虫就会成为它们的饵料；最后人为调整完善水体生物链和食物链的比例，水生动物食用食藻虫，它们的排泄物为沉水植物提供营养，沉水植物又释放出氧气，以此建立一个完整的水下生态修复与净化系统。

生物降解净化技术在长三角地区住区中已经多有应用，如上海城花新苑（图3-4-9）、苏州雅戈尔太阳城（图3-4-10）、南京银城东苑（图3-4-11）、南京西堤国际、南京聚福园二期、深圳万科（图3-4-12）、厦门湖心岛（图3-4-13）等。上海城花新苑香溪苑水体面积为 500 m²，平均深度为 1 m 左右，初期水体情况不佳，采用沉水植物等技术进行水体处理，处理效果良好，湖内无绿藻无异味，水体清澈见底，透明度为 0.8 m 左右。苏州雅戈尔太阳城

图 3-4-9　上海城花新苑使用微生物、水生动物、沉水植物技术后成果图

图 3-4-10　苏州雅戈尔太阳城使用微生物、水生动物、沉水植物技术后成果图

图 3-4-11　南京银城东苑使用微生物、水生动物、沉水植物技术后成果图

图 3-4-12　深圳万科总部使用微生物、水生动物、沉水植物技术后成果图

中心水体面积为 400 m² 人工湖，水深 0.8 ~ 1.3 m，建设初期就采用种植沉水植物等技术，水体净化效果良好，清澈可见水体鱼群游动，水体维持在国家地表三类水标准。南京银城东苑的水体面积为 2000 m²，修复前水质为劣 V 类，水体滋生蓝绿藻严重，通过采用微生物、水生动物、沉水植物技术修复后水体为国家地表三类水标准，水体澄清。

图 3-4-13　厦门湖心岛使用微生物、水生动物、沉水植物技术后成果图

通过这些实例可以看出，微生物、水生动物、沉水植物技术的效果是非常显著的，由于不多占用地面面积，可以运用在用地更为紧张的住区中。

2. 生物降解净化技术的优势

使用微生物、水生动物、沉水植物等来进行生物降解净化的技术优势主要体现在：首先，在景观效果上，净化后的水体维持较高的透明度，目测就可以看到沉水植物、鱼类等生物，可以美化观赏环境；其次，在运营维护上，由于该技术维持了丰富的生物多样性，水体能够以生态循环的形式实现自净，无需大量更换水体，人为维护较为简单，每平方米治理及维护成本每年仅为 80 ~ 150 元，因此经济成本较低；最后，水生动物通过吸收转化，将水中的营养物质转化为水产品，成长后的水生动植物均可以带来经济效益。

3. 生物降解净化技术的适用性

研究表明，若采用沉水植物、水下生物、微生物技术，水体规模最小不能超过 200 m²，水深高度最低不能低于 50 cm，满足这样的标准才能保证食藻虫、水生植物、水生动物的生长。这一标准显然不难达到，由此可见，微生物、水生动物、沉水植物技术可以在中小型景观水体或是大面积景观水体的住区中使用，使用范围广泛。因此该技术既可以运用在低密度、低容积率的住区水体中，又可以运用在高层住区中规模不小于 200 m² 的中小型景观水景中。

3.4.3　小规模水景的生态处理方式

低容积率、低密度住区的水景较为适合采用人工湿地技术与生物降解技术净化水体。但是这些技术均适用于有一定规模的水体景观，而大面积的集中式水景不适宜建在地下停车场的上方，否则易产生地下停车场的承重过重和水景基底渗水等问题。而城市中高容积率、高密度的高层住区越来越多，地下空间大量开发使地表结构已不适宜建设大面积集中式水景,并且由于会侵占本来就有限的地面活动空间,所以大面积水景在高容积率、高密度的高层住区内并不适宜采用。因此,在高容积率、高密度的住区内,我们建议在控制水景面积的基础上,使用更经济的小规模水景。

1. 小体量动水水景

小体量水景有占地少、水体浅的特点,易于产生多种多样的形式,如水景墙、喷泉、小型浅水池、跌水池、小型瀑布等。它们在住区内的适用性较广,使用在低容积率、低密度的住区,可以配合大面积水景,形成点线面的景观系统;运用于高容积率、高密度的住区,可以作为水景的主要形式,以较小的占地满足居民的亲水需求。

小体量的水景多被设计为动水的处理方式,动水的优势为可以增加水体内的氧气,减少水体变质,增加水体自净效果,并降低人工清理水体的成本。出于生态的角度考虑,我们可以采用消耗水量较少的跌水与旱地喷泉的方式。小规模生态水景中的跌水景观可以采用单级跌水,形式多为跌水墙、跌水瀑布等模式,飞溅的水花增加了空气湿度,又形成了可视可听的独特景观效果。

2. 集合性小型水景

小型水景仍然不可避免地需要占用一定地面,如果将其设计成为集合性水景,使其与地下车库采光口或架空层等其他住区景观结合,可以取得节地与丰富景观的双重效果。例如可以将车库采光口做成浅水水池,水体的透光性并不会影响车库的采光照明效果,还增强了内部空间的趣味性。这样的处理解决了车库采光口浪费占地面积的问题,同时使住区的人们无论是在地下车库又或是在地面,均能观赏到水景,实现了立体景观的效果。

3. "零"占地水景

高容积率、高密度的住区可以进一步采用"零"占地水景,例如旱地喷泉,它并不额外占用住区用地面积,可以设计在景观广场用地中。其次,可以根据季节气候、人群活动的规律来灵活选择开放时间,在关闭时可以作为硬质活动场地,而开启后可以作为戏水纳凉的场所,促进住区内人与人之间的交往。旱喷可以有效增强景观与人的互动性,将观赏与娱乐有机地结合在一起,活跃住区内部的生活氛围。

综上所述,生态水景的营造和维护对于长三角地区的住区环境起到至关重要的作用,需要我们分门别类进行研究与设计。针对低密度、低容积率的住区水景,我们主要采用人工湿地技术,而对于高密度、高容积率的住区,我们主要采用小规模水体的设计方式，以此在住区内建设出自净、亲水、节水的优美水景，形成富有情趣的绿色住区。

3.5　住区微环境中热岛效应问题及改善措施

随着对城市热岛效应研究热度的升温，热岛效应的研究逐步由概念研究向定量化研究发展，同时呈现出研究着眼点逐渐由理论转向实践、由城市尺度转向住区尺度的趋势。城市大环境是由无数个住区微环境参与组合而成，从微环境的层面出发，通过切实可行的措施使住区环境得到改善，有利于解决整个城市的热岛问题。

3.5.1　热岛效应成因及危害

长三角地区作为中国经济发展的前沿阵地，城市化进程早，城市高度集聚，如图3-5-1所示，热岛问题也尤为突出。从成因方面分析，城市热岛产生的原因主要有：城市中的建筑、马路、广场等下垫面热容较低，造成受太阳辐射后升温迅速；居民生活、工业、交通运输等人工热源众多；建筑密度高、街道设计不尽合理，造成通风不畅，热量无法散失等。

热岛效应对城市生态环境的危害是巨大的。研究表明，人类长期居住在热岛区域，容易产生神经、消化系统等方面的疾病；热岛效应会使空调运转的热负荷增加，城市的整体耗能量上升，反过来加重热岛效应；同时，热岛使城市中盛行上升气流，加剧了污染物对大气环境的破坏；热岛效应还会干扰正常的气候变化，并改变生物的正常生理周期。

图3-5-1　长三角地区几个典型城市卫星地图

3.5.2　住区热岛效应控制策略

城市热岛效应的危害是显而易见的，住区作为承接住宅单体及城市的中间尺度，在规划设计中采取合理的降热岛措施有巨大的现实意义。《城市居住区热环境设计标准》中对住区热岛效应控制目标做了如下规定：居住热环境应按所在地（气候区）典型气象日设计，计算参数应分别采用夏季典型气象日和冬季典型气象日的逐时值。居住热环境的设计指标应采用湿球黑球温度和热岛强度。居住区热环境的设计目标应达到：逐时湿球黑球温度不大于33℃，平均热岛强度不超过1.5℃。

在规划设计阶段使用计算机模拟手段指导和验证设计，是改善室外热环境的有效手段。这里选取一个典型住区规划方案的局部作为分析案例（图3-5-2），通过专业热岛分析软件 ENVI-met 进行模拟分析，从而对下文提出的住区热岛效应控制策略进行部分验证。

首先根据住区的规划布局在软件中进行建模，如图3-5-3所示。在模型设置中，根据设计方案，在区域周围设置了高20 m的大树，小区内部设置的乔木高1.5 m，小区道路设置为石材人行道。选用上海地区的气象参数进行设定，边界条件设置值为：2012年6月23日，逐时计算时间从上午10时至下午13时，数据记录步长为60分，环境初始温度设置为26 ℃，相对湿度50%，风向为东南风，风速为2 m／s。根据以上条件，分别对模型的温度变化率、风速、温度分布情况进行模拟。

（1）下垫面的改善与规划

建筑物、铺地等是城市

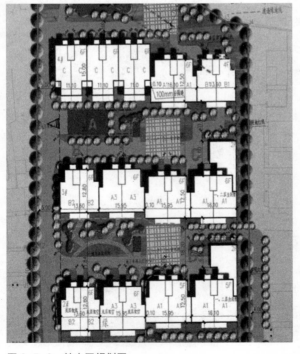

图3-5-2　某小区规划图

下垫面的重要组成部分，对城市热岛效应的影响很大。非渗透性的硬化地面，深色的建筑表皮对太阳辐射的吸收率很高，提倡使用渗透性的地面铺装材料，多使用木材等能有利缓解热岛强度的景观建筑材料，通过在建筑物屋顶上涂浅色的涂料、垂直墙面上贴白色墙面砖等方式，来提高对太阳辐射热的反射率。在规划设计之初，应对住区建筑合理布局，根据地形、风向、日照、太阳辐射等环境条件来确定绿化、水体、硬质铺地的位置，建筑朝向等。可以将集中绿化、水体置于光照强烈的地方，对于易吸收辐射的硬化路面，通过结合绿化遮阳措施或布置在建筑的背阴处（见图3-5-3），以降低住区整体的太阳辐射吸收量。

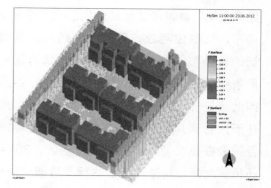

图 3-5-3　建立模型

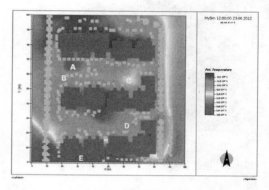

图 3-5-4　温度变化率云图

在分析模型的温度变化率云图（图3-5-4）可以看出，同样的砖石铺地材质，E处的温度变化比有遮挡的B位置温度变化要大很多。

（2）景观水体设置

住区中景观水域的功能不仅在于观景或者积蓄雨水，也是调节城市小气候的一个"肺叶"，在某种程度上是绿化无法代替的。因为水的热容量和导热率远高于陆地，水的升降温也远较陆地缓和；水体具有较强的贮热能力，蒸发时又能有效降低贴地气层的温度。因此，在住区规划中，应尽可能增加水体面积，在地面狭窄的高密度住区中，可以采用旱喷喷泉以进一步增加水体的覆盖面；另一方面，将水体置于太阳辐射较高的位置，或者住区的风道上，将更有利于空气的降温，从而降低区域热岛效应。在分析模型的温度变化率云图（图3-5-4）可以看出，水体区域的温度变化率明显较小。

（3）合理的住区通风设计

建筑群的规划布局会对自然通风产生重大影响，如果通风不畅，温度会在建筑之间富集，形成热岛效应。在高低层混合的住区中，住宅应根据主导风向排布，低层住宅应布置在主导风向上风向一侧，从而保证整体通风效果。建筑的多种布局方式中，错列式布局的通风条件被证明最好，围合式布局的通风条件最差，而由于前排住栋的遮挡，并列式布局会x区（如图3-5-5所示），因此应优先考虑一定程度的错列排布，或者在并列式布局中穿插开敞绿地，从而改善通风。在建筑单体层面，应避免使建筑长轴与风的入射方向垂直，否则会在建筑背部产生较大漩涡区，30°～60°间的角度会更利于后排住栋的通风。此外，将住栋底层或标准层架空处理，同时降低建筑外表面的粗糙度，可以进一步利于自然风在整个住区中的流动。

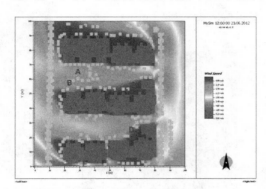

3-5-5　风速云图

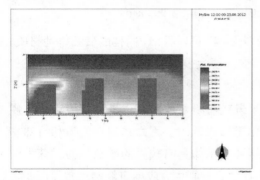

图3-5-6　温度云图剖面图

由图3-5-6的温度分布云图中看出，风影区域已经形成了一定的温度梯度，中午时段近地面温度明显高于上空空气温度，这一现象的产生就是由于气流组织不畅所造成的。

（4）景观绿化的科学配置

植被是住区生态系统中的重要组分，绿色植物可以通过蒸发作用吸收大量热量，同时具备遮阳的作用，对降低住区热岛富有重要作用。应根据日照条件对住区各区域进行分级，根据树种的生长特性进行树种配置。在场地日照条件良好的区域优先进行喜阳植物的栽种，如国槐、银杏、果树类等；在场地日照条件不利的区域优先进行耐阴植物的栽种，如竹类、蕨类、铁树等。在儿童活动场地、老年人活动场地的四周应当种植冬季落叶、夏季繁茂的树种，这样既可以保证人体在冬季对日照的需求，又可以遮挡夏季过强的紫外线，起到遮阴的作用。由于乔木的散热面积比草地大，遮风作用比灌木小，因此同样绿化率的前提下，更大的乔木配比会具有更好的降热岛作用，应该尽可能提高单位面积内的植株数。

在分析模型中可以看出，绿化区域的温度变化率明显较小（如图3-5-6），不同类型的植物配置中，20 m 高的高大乔木对人行高度的流场影响较小。

3.5.3 热岛模拟分析工具介绍

ENVI-met 是一款城市微气候模拟软件，软件模型基于地表—植物—空气之间的相互作用关系，主要应用于城市气候学研究，建筑设计及环境设计等方面。不同于 CFD 数值模拟软件，ENVI-met 是首个旨在再现城市大气主要进程的动态数值模拟软件，可以在流体动力学和热力学及城市气象学等相关的学科基础上对城市微气候环境的影响因子进行整体模拟。由于该软件在计算内核中考虑诸多气候因子，例如日照强度，逐时太阳高度角变化，下垫面不同材质的热工性能，植物的遮阳、蒸腾作用，水体的热工性能，等等，得到的模拟结果比较真实（图3-5-7，图3-5-8）。

其优点在于：

（1）ENVI-met 可以动态模拟日循环的微气候。该模式是基于非稳态和非静力学，可以模拟包括风流量、热流量、湍流量和辐射量等参数量的交换过程。

（2）较高的网格分辨率（水平向最小可为 0.5 m）和较高的时间解析率（最多可以达到10 s），这些提供了对中尺度的城市微气候环境变化过程进行研究的可能。

（3）ENVI-met 涉及多个模型体系，可以对复杂城市结构进行详细解析。

（4）可以计算室外热舒适性的关键变量——平均热辐射温度 MRT。

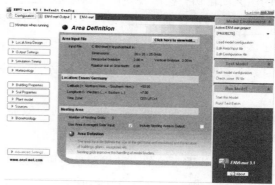

图 3-5-7　ENVI-met 软件界面

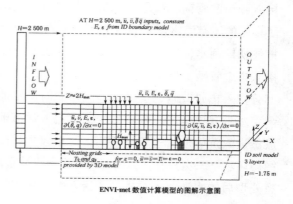

图 3-5-8　ENVI-met 数值计算模型的图解示意图

3.6　雨水回收利用的综合研究

3.6.1　雨水回收利用的主要形式

目前雨水回收利用的形式主要有两种：

一种为生态处理方法，即利用小区内的地势，将地面雨水通过雨水管排至场地内已有或人工种植的湿地区域，经过植物的生态净化处理后再排至景观水系中，起到对景观水的净化和补水的作用，这种方法受到植物面积和水处理周期较长的限制，一般仅在别墅区等占地面积大、容积率低的住区或有自然水系的住区项目和一些市政项目如高速路、公园中采用。

另一种是目前使用较多的方式，通过精密过滤设备处理收集的雨水，用于小区绿化和景观补水，其适用范围相对较广，长三角地区采用雨水回收利用的住区大多采用这种方式。所以课题主要针对这种模式进行了调查研究。

3.6.2　雨水回收运行机制及利用效益分析

1. 运行机制

雨水处理系统的设计思路是将雨水经处理后作为景观、绿化、道路保洁用水的水源。雨水的收集范围是收集屋面、阳台、路面的雨水。利用小区雨水管道收集雨水，雨水进入雨水管道后，均以重力流汇入调节池。雨水排到雨水管，接入到市政管前，最后一个雨水井里有三根水管，一根是小区的雨水管，汇集了小区的所有雨水，一根到雨水收集池，这根管子下方用砖砌个 10 cm 高的坎，挡住初期雨水，作为弃流装置，水位低于 10 cm 时，排到井里的第三个管道，接入市政管网，排出住区，水位高于 10 cm 时，一部分流入雨水收集装置，一部分排入市政管网，当蓄水池收集满时，水池上端的溢流管接到市政管上，多余雨水也就排走了。收集到的雨水流入调节池后，经潜水泵的提升，以一定的流量进入沉砂池，去除大块的、比重较大的固体颗粒。然后进入曝气粗滤池，经循环水泵二次提升，由精密过滤设备（具备反冲洗自洁功能）完成处理过程，将处理后的水送入景观水池或接入绿化用水管道。有些住区也利用这套设施净化景观水。

雨水处理系统具有三种工作模式，可兼有雨水和景观用水循环处理的双重

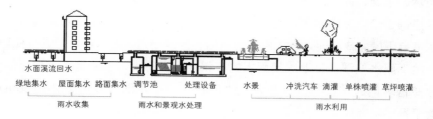

图 3-6-1　雨水回用与景观用水循环工艺流程

功能（图 3-6-1）。

第一种模式：下雨时，雨水进入调节池，可以从调节池将雨水提升，进入水处理系统，将雨水进行处理，达到水质标准的雨水进入景观水池和净水池。

第二种模式：不下雨时，可以进行景观水的循环处理，以保证景观用水的水质和景观效果。

第三种模式：绿化用水时，直接启动水泵，净水池内经处理后的雨水或景观水直接进入绿化管网。

2. 利用效益分析

雨水回收利用的效益包括以下几个部分：减少景观及绿化用水费用、减少小区排到市政管网的雨水总量，市政管网中雨水量的降低对提高城市防涝能力和减少雨水排放工程的费用也能起到一定的作用。

以南京银城东苑项目为例，对雨水回收利用的效益做个分析（图 3-6-2）。

银城东苑一期：小区占地 14 万 m^2，绿化占地约 5.6 万 m^2，景观水池面积为 8000 m^2，平均水深约 0.8 m，景观用水量约 6400 m^3。

雨水处理系统的设计思路是将雨水经处理后作为景观补水、绿化、道路保

图 3-6-2　银城东苑雨水处理机房及人工水景

洁用水的水源，同时对景观水有处理功能，保持水景的水质。为了节省雨水收集管道的造价，没有对雨水进行分质收集，利用小区雨水管道收集雨水，不论雨水来自于屋面或路面，进入雨水管道后，均以重力流汇入调节池进行处理。

地下雨水处理设备池收集雨水的容积一般很有限，主要是考虑建造的成本及建筑占地问题，该项目设置调节池 300 m³，净水池 200 m³。水池及机房均设置于景观湖旁地下。

为了更多地收集雨水，充分利用景观水体来储存，银城东苑的水景湖剖面为锅底形，湖中心建设了一个较大规模的喷泉，中心水深可达 1.5 m，近岸为缓坡浅水区，水深允许在 0.2 ~ 0.8 m 之间波动。景观水池面积为 8000 m²，该人工湖有平均 0.5 m 深的贮水空间，储水量可达 2600 m³，加上地下雨水处理设备池收集雨水的容积 400 m³，雨水储存也有 3000 m³。夏季水面蒸发每日约 0.05 m，蒸发量每天约 400 m³，每日绿化用水规范为 3 L / m²，约 170 m³，考虑管路水损和保洁用水量及降雨天减少蒸发和绿化用水，夏季约有 10 天为下雨日，蒸发水、绿化用水系数按 0.4 计算，绿化景观补水每天用水量在 230 m³ 左右，也就是该项目的雨水回收利用装置在连续 13 天不下雨时，可以保证景观补水和绿化用水。

晴天景观水池处理设备在 1~2 月份每天开 4 小时，3~5 月份每天开 6 小时，6~8 月份每天开 10 小时，9~10 月份每天开 6 小时，11~12 月份每天开 4 小时，用于循环处理景观水。设备处理能力 60 t/h，每小时用电 19 kW。

2010 年雨水回收利用装置用电 28 245 kWh，电费 22 596 元。2011 年上半年用电 13 400 kWh，电费 10 224 元。绿化用水若一直使用自来水，水费约 5 万元 / 年（自来水单价 2.5~2.8 元 / t）。水景用水若一直使用自来水，水费约 5.5 万元 / 年。

雨水收集处理系统管道（独立的雨水收集、回用管道）安装、土建（水池及泵房）费用及设备安装费用分别是 113 万（其中雨水回用管网费用约 40 万元）和 48.2 万，土建按 50 年折旧，设备按 15 年折旧。每年的折旧费 40 / 50（雨水管网是工程中必须设置的，不考虑在雨水利用费用中）+ 48.2 / 15 = 4（万）。2008 年以前设备维护操作工的工资 0.96 万 / 年（折算到用于雨水利用装置的维修人员费用）。这样计算下来用回收雨水作为水景补充水和绿化用水可一年节约费用为 5 + 5.5 − 4 − 0.96 − 2.3（电费）= 3.24，每年节约成本 3.24 万元左右。

以上为雨水回收利用实际运行后的一些费用的分析。在设备运行的头两年，雨水利用的效益较为明显，但随着人工工资的提高、收集池和管网渗水、设备损坏更换维修次数增加等多种原因，运行费用也在上升；同时因为人工湖面喷泉的开启次数和时间，因住户对喷泉噪声和水雾飘散以及运行费用分摊收取困难等因素，减少了开启时间，无法保证水体的曝气处理效果，加上业主鱼食投放、夏季温度较高等不利因素，造成水质恶化，产生蓝藻，原设计的砂缸过滤装置被蓝藻堵塞，无法净化景观水质，使得处理后的水质有异味，无法达到再利用水质的标准。同时业主在阳台设置洗衣机使用，造成收集雨水的水质中磷的成分增加，绿化过程中农药的使用，农药随着绿地上的雨水排放至雨水处理系统，而仅仅通过砂缸过滤这种物理处理工艺无法去除此类化学物质，回用到景观水后会进一步恶化景观水质。后期运行时才用药物去蓝藻，部分时间段不使用雨水处理装置，采用自来水作为景观补水和绿化用水，雨水回收利用的经济效益下降很多。

3.6.3 雨水回收利用存在的主要问题

通过对长三角绿色住区采用了雨水利用装置的小区进行实地观测、居民访谈、物业管理访谈，发现目前这种常用的雨水利用装置在实际使用中存在下面一些问题，需要在今后设计时给予重视。

（1）一些年代较早的住区中的户型在阳台上设置洗衣机位，但为了节省成本没有单独设置洗衣机污水管，或者一些用户因户内面积紧张，将洗衣机移至阳台使用，直接将洗衣污水排入雨水落水管。这样一来，不下雨时间段内，雨水管中也会有较多阳台上排水，超过弃流坎高度时，流入雨水收集装置，水质中磷的含量偏高，经过过滤装置无法去除，这种水进入景观补水，造成水景水质富营养，合适温度下，导致蓝藻滋生，水质恶化。

（2）初期雨水的弃流装置的设计，目前较多的做法是在雨水管网进入收集池的入口处砌筑约 10 cm 高的坎，当雨水量低时，雨水无法越过次坎进入收集池，流入到市政管网排放，造成一些较长下雨时间的小雨雨水无法收集。此现象在冬季、春季、深秋季节较为明显，造成全年可收集利用的雨水量大为减少。

（3）以南京为例，按照南京近 10 年的降雨天数、降雨量数据和小区绿化灌溉的实际需求分析，降雨量和天数较多的月份是 5 ~ 10 月，小区绿化在小区建成使用的前两年，为保证成活率，绿化灌溉用水较多，在 3 年后，1.5 m 深土壤的种植条件下，绿化用水量下降很多，基本是夏季 3 ~ 4 天浇灌一次，春秋季 5 ~ 8 天一次，冬季 30 天一次，如果设计时按规范值计算绿化用水量，容易造成前几年收集回用的雨水不够用，后几年用不到的结果，也就造成雨水利用的经济效益下降。尤其在一些没有设置水景的住区，雨水回用仅用于绿化浇灌，这种现象会更加明显。

（4）现在随着住区机动车位配比的不断变大，为保证机动车停车数量和各种地下设备房的布置，再加上考虑到土建成本，地下建筑基本是做成地块内满铺。齐整的地下室位置都被设计成了停车位，独立集中设置的地下雨水收集和处理装置越来越难找到合适的位置，而难以实现。同时当项目地块大的情况下，雨水排放是分区排至市政管网，这也给集中设置雨水利用装置带来不便，以及造成管线的浪费。

（5）现在新设计的项目里的人工水景的设计多数是在车库上方，透气性能差、水深1m以下，在26℃环境温度下极易产生蓝藻，无法通过雨水的处理装置来处理景观水。例如，南京银城东苑的项目利用雨水处理装置处理景观水，不仅初期设备投资费用相对大，并且水处理效果差，造成设备浪费。因此建议雨水处理和景观水处理分开系统设置，雨水处理后可以作为景观水的补水使用。

（6）目前已使用雨水处理装置的项目，如果要达到现在规范要求的回用水标准，工程造价和利用雨水可节约的费用相比，基本没有优势而言，理论计算，靠节约的水费要30年以上才能收回工程投资，远超过设备的正常使用寿命，投资效益太低。

雨水回用时的水质标准希望有关部门结合工程造价、使用性质做综合分析调整，降低回用水要求，改变水处理工艺，可以减少设备投资，实际操作性更强。

3.6.4 雨水回收利用的优化措施

根据几年来对长三角地区雨水利用项目的跟踪研究，对雨水的利用建议不要局限于靠设备处理，即通过蓄水池加过滤装置来实现。可以从下面几个方面采取措施，既可以减少小区排入市政管网的雨水量，减少城市排水压力，减少雨水排放工程费和加强城市防涝功能，又可以减少自来水使用量，更加节能环保。

（1）屋顶绿化对雨水的利用与回收

将多层、小高层等适宜设置大片绿化的建筑屋顶，全部建成"绿顶"，利用绿地滞蓄雨水，充分利用小雨时的降雨量，同时减少屋面防水材料对雨水的污染，可以提高屋面收集雨水的水质。"绿顶"消化不了的剩余雨水，将通过已带有过滤装置的雨水管道进入地下总蓄水池，最后进入雨水循环利用系统。经过绿地以及屋顶绿化构多层构造措施过滤的雨水，水质比较好，并且减轻蓄

图 3-6-3　屋顶绿化的雨水回收

图 3-6-4　上海朗润园渗水路面

图 3-6-5　车库顶板蓄水型排水板的铺设

水池水处理装置的负担，从而减少了蓄水池建设而带来的工程投资（图3-6-3）。

（2）人行便道路面对雨水收集利用

由于人行便道面积小，分散性强，可以采用在人行便道上铺设可渗透路面砖的工程模式，雨水直接渗入地下，回补地下水。可渗透路面砖的强度应大于30 MPa，渗水能力保证在 1 mm／s 的降雨情况下随降随渗（图3-6-4）。

（3）分散型、利用地下边角空间的雨水收集处理系统

由于前面分析过的，规模大的住区集中一处设置蓄水处理池，会造成管网铺设不经济，同时由于地下空间越来越紧张，集中式大型蓄水处理池越来越难以实现。根据住区建设的现实情况，建议结合车库顶板排水板的设置（图3-6-5），采用蓄水型排水板，积蓄一部分雨水用于顶板上绿化自身用水，多余部分雨水经过土壤、砂石、土工布过滤后排入地下室在各个没有较大利用价值的空间（如坡道下方、一些不便人员出入和使用的边角空间）里分散设置的小型集水池，经过沉淀初步处理后，通过水泵供应给附近地面冲洗或绿化使用。同时，通过蓄水型排水板，将雨水分区收集流入分散设置的集水池处理设施，更利于雨水回收后就近使用，节约管网铺设投资。

经过调研统计，一般地下室高度 3.6 m，边角处不好利用的停车面积多为 20 m² 左右，根据处理设备的工艺要求，建议按最小 50 m³ 设置蓄水池。由于在雨水进入前已通过蓄水型排水板的粗过滤设施过滤，只需要定期进行少量的水池清淤，水池上部要有检修孔可以让清洁人员进入。

（4）避免雨水水质污染，更有效地回收雨水

① 建议阳台排水管改为污水管网，避免由于居民在阳台使用洗衣机排水而造成对回收装置的水质污染。

② 减少绿地喷洒农药后，雨水携带农药中的化学物质进入收集池，造成水质污染。通过访谈，一些住区运营中，物业管理的方法值得推荐，比如，绿化员每天登记天气预报，预报有雨的三天前就少浇水，不喷洒农药，这样充分利用雨水并减少对回收雨水的污染。后期的运营管理非常重要。

（5）雨水回用水质标准应贴合实际操作

通过对已用雨水回收利用的住区调研，发现 90% 的住区回收处理后的雨水仅用于景观水池补水、绿化用水。所以建议有关管理部门结合工程造价、使用性质做综合分析调整，降低雨水回用水质标准要求，这样有利于改变水处理工艺，从而减少设备投资，更加增强这项技术的实际操作性。

4　建筑层面绿标体系重要适宜技术的研究

4.1　长三角地区气候分析与住宅被动式适宜技术

　　长江三角洲地区属于亚热带季风气候，降水主要集中在夏季，东南季风和西南季风对该地区气候变化起主要影响作用，常年主导风为东南风，东南季风从热带西太平洋带来的水汽是降水的主要来源。夏季风强时，雨带位置偏北，长三角地区降水偏少；反之雨带偏南，长三角地区雨量偏多（图4-1-1）。

　　在过去47年和25年期间，长江三角洲年均气温、年均最高和最低气温都显著增加，增温率都是冬季和春季较高、夏季最低。大城市站增温率明显高于小城镇和中等城市站，城市化效应对大城市气温基本上都是增温作用，其中对平均最低气温的增温率及贡献率最大，对平均最高气温的作用都最小。长江三角洲气温变化趋势和增温率、城市化效应的增温率及增温贡献率与其他地区具有较好的一致性。

4.1.1　长三角地区典型城市气候分析

　　基础气象数据资料一般包括大气压力、干球温度、湿球温度、蒸汽压力、相对湿度、

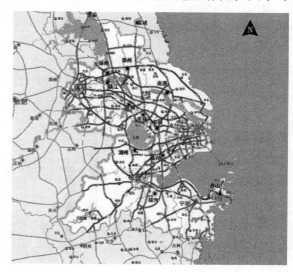

图4-1-1　长三角地区城市分布图

风速、风向、云量、太阳辐射等。本分析所采用的气象数据是在 2005 年中国气象局气象信息中心气象资料室与清华大学建筑技术科学系合作开发的。该气象数据收集了全国 270 个地面气象数据站台 1971 年至 2003 年的实测气象数据。270 个台站遍布全国各个气候区，台站的挑选保证一定的代表性，该数据库的实测数据不仅丰富，而且具有中国气象资料的权威性。

1. 上海地区

1）气候分析

如图 4-1-2 所示为上海全年逐日气象数据，其中波形带状区域为全年逐时温度，包含最高温度、最低温度和平均温度；实线是直射辐射量，虚线是散射辐射量；条形带状区域为热舒适区域。从数据分析可得出上海地区基本气候特点：①存在较大的昼夜温差；②全年温度波动幅度约为 40℃；③全年平均气温为 16.7℃，平均相对湿度 76%，平均风速 3.2 m/s，平均直射太阳辐射 107 W/㎡，平均散射太阳辐射 69.7 W/㎡。

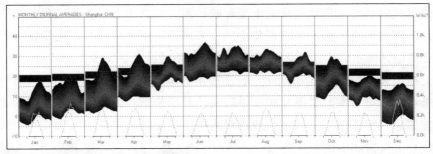

图 4-1-2　上海全年逐日气象数据图

图 4-1-3 为上海地区全年温度分布图，当室内温度处于 15~30℃之间时，可以认为处于可接受的舒适性范围。如图可知，上海地区处于可接受舒适性范围的时间约为全年的 54.3%。当室外温度达不到舒适区时，人自然会采用某些措施来提高或降低室内温度以此达到人体舒适的环境，这个过程势必有能耗。

采用 Ecotect 的气象数据分析工具可以快速高效地将各种被动式节能措施的适用范围在相应的气候条件下反映出来，为被动式节能措施的选择

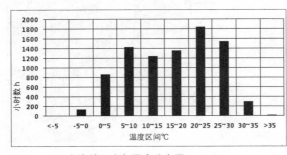

图 4-1-3　上海地区全年温度分布图

提供有效的依据。这些被动式节能措施包括：被动式太阳能采暖、蓄热、高热容的围护结构与夜间通风、自然通风、直接蒸发降温、间接蒸发降温等。

2）上海地区被动节能技术应用潜力分析

（1）被动式太阳能采暖

图 4-1-4 至图 4-1-7 为在人体活动量为静坐、围护结构（保温）为高、太阳能采暖效率为平均情况下，窗墙比为 20%、30%、40%、50% 时，被动式太阳能采暖效果。由此可以发现，在窗墙比为 20% 时被动式太阳能采暖可以调高上海地区 5 月与 10 月部分时间的室内舒适度。随着窗墙比增加，对于室内舒适度的提高时间范围可增加到 3 月、4 月、5 月以及 10 月、11 月。

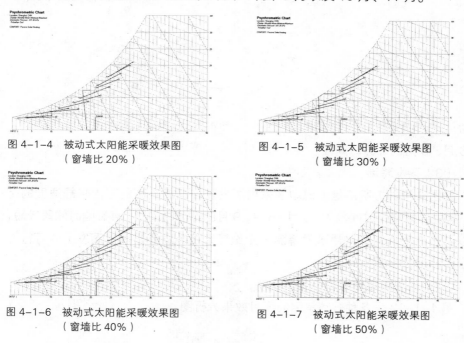

图 4-1-4　被动式太阳能采暖效果图
（窗墙比 20%）

图 4-1-5　被动式太阳能采暖效果图
（窗墙比 30%）

图 4-1-6　被动式太阳能采暖效果图
（窗墙比 40%）

图 4-1-7　被动式太阳能采暖效果图
（窗墙比 50%）

（2）自然通风

图 4-1-8 为在人体活动量为静坐、空气流速为 1 m/s 下的自然通风效果。从图中可以看出，在上海地区应用自然通风在室内达到 1 m/s 的风速可以比较显著地提高室内热舒适性，主要的时间段为：5 月、6 月、9 月份以及 7、8 月份的少部分时间。当风速增加到 2 m/s 时（图 4-1-9），可以提高 7、8 月份部分时间下室内的热舒适性。

如图 4-1-10 所示是上海地区采用高热容的围护结构与夜间通风组合的被动式措施提高的室内热舒适度的范围。其主要影响的时间段为：5 月、10 月以

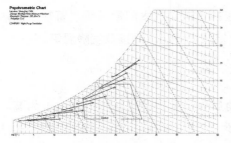

图 4-1-8 自然通风效果图（风速 1m/s）

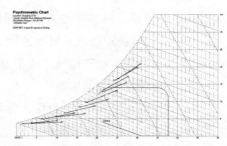

图 4-1-9 自然通风效果图（风速 2m/s）

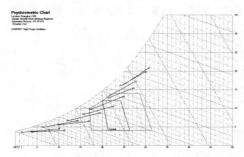

图 4-1-10 高热容围护结构 + 夜间通风效果图

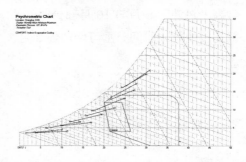

图 4-1-11 蒸发降温效果图

及 6 月、9 月的部分时间段。

（3）蒸发降温

如图 4-1-11 所示是上海地区采用蒸发降温措施提高的室内热舒适度的范围。其主要影响的时间段为：5 月、6 月、9 月的部分时间段，且影响时间段较短，可以看出在上海地区采用蒸发降温（无论是直接蒸发还是间接蒸发）的可行性较小，利用价值不高。

（4）被动式策略组合分析

图 4-1-12 为各种被动策略的逐月效果分析图。

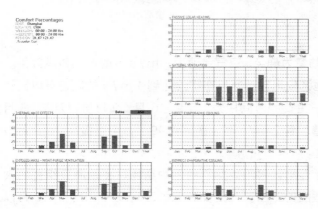

图 4-1-12 各种被动策略的逐月效果分析图

　　从结果来看，在上海地区使用自然通风、高热容的围护结构与夜间通风可以显著地提高全年的热舒适度，高的室内热容量也可以明显提高室内热舒适度，被动式太阳能采暖与蒸发冷却效果一般。

　　图 4-1-13 为综合各种被动策略的总效果。从以上的分析结果得出，上海地区合理利用各种被动式节能措施可以提高全年热舒适度时间 7 倍以上，可有效地节约主动式采暖与制冷的能耗。

图 4-1-13　综合各种被动策略的总效果

2. 南京地区

1）气候分析

　　从数据分析（图 4-1-14）可得出南京地区基本气候特点：①存在较大的昼夜温差；②全年温度波动幅度约为 40℃；③全年平均气温为 15.8℃，平均相对湿度 75%，平均风速 2.2 m/s，平均直射太阳辐射 103.6 W/m²，平均散射太阳辐射 65.5 W/m²。

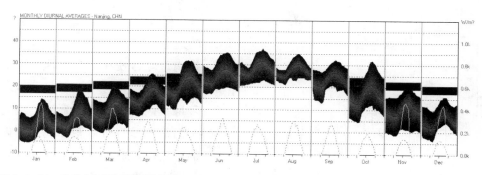

图 4-1-14　南京全年逐日气象数据图

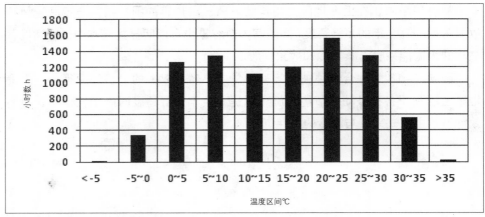

图 4-1-15 南京地区全年温度分布图

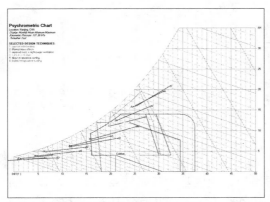

图 4-1-16 不同被动式技术所达到室内热舒适范围
（南京地区）

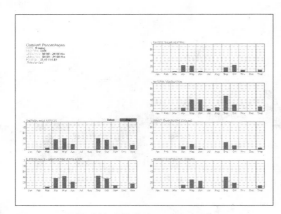

图 4-1-17 各种被动策略的逐月效果分析图

图 4-1-15 为南京地区全年温度分布图，当室内温度处于15~30℃之间时，可以认为处于可接受的舒适性范围。如图可知，南京地区处于可接受舒适性范围的时间约为全年的47%。

2）南京地区被动节能技术应用潜力分析

图 4-1-16 为南京地区利用各种不同的被动式技术达到室内热舒适的范围。由于与上海地区的气候特点相似，各种不同被动式技术的影响因素和影响结果与上海地区相似，在此不再赘述。

图 4-1-17 为各种被动策略的逐月效果分析图。从结果来看，在南京地区使用自然通风、高热容的围护结构与夜间通风可以显著地提高全年的热舒适度，高的室内热容量也可以明显提高室内热舒适度，被动式太阳能采暖与蒸发冷却效果一般。

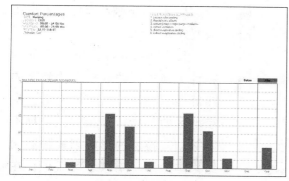

图 4-1-18　综合各种被动策略的总效果

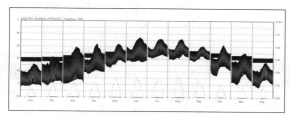

图 4-1-19　杭州全年逐日气象数据图

图 4-1-18 为综合各种被动策略的总效果。从以上的分析结果得出，南京地区合理利用各种被动式节能措施可以提高全年热舒适度时间 6 倍以上，可有效地节约主动式采暖与制冷的能耗。

3. 杭州地区

1）气候分析

从数据分析（图 4-1-19）可得出杭州地区基本气候特点：①存在较大的昼夜温差；②全年温度波动幅度约为 36℃；③全年平均气温为 17℃，平均相对湿度 75.8%，平均风速 2.1m/s，平均直射太阳辐射 91.3 W / m²，平均散射太阳辐射 65.8 W/ m²。

图 4-1-20 为杭州地区全年温度分布图，当室内温度处于 15~30℃之间时，可以认为处于可接受的舒适性范围。如图可知，杭州地区处于可接受舒适性范围的时间约为全年的 52.4%。

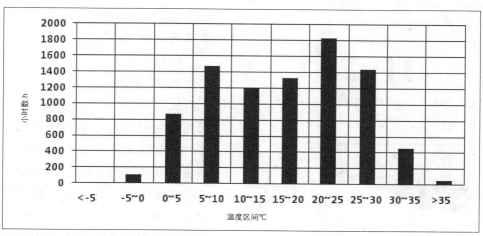

图 4-1-20　杭州地区全年温度分布图

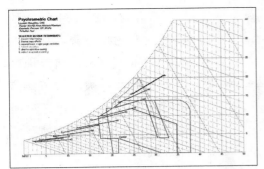

图 4-1-21 不同被动式技术所达到室内热舒适范围（杭州地区）

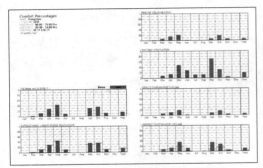

图 4-1-22 各种被动策略的逐月效果分析图

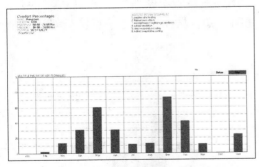

图 4-1-23 综合各种被动策略的总效果

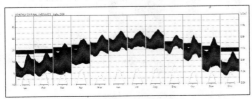

图 4-1-24 合肥全年逐日气象数据图

2）杭州市被动节能技术应用潜力分析

图 4-1-21 为杭州地区利用各种不同的被动式技术达到室内热舒适的范围。由于与上海、南京地区的气候特点相似，各种不同被动式技术的影响因素和影响结果与上海、南京地区相似，在此不再赘述。

图 4-1-22 为各种被动策略的逐月效果分析图。从结果来看，在杭州地区使用自然通风、高热容的围护结构与夜间通风可以显著地提高全年的热舒适度，高的室内热容量也可以明显提高室内热舒适度，被动式太阳能采暖与蒸发冷却效果一般。

图 4-1-23 为综合各种被动策略的总效果。从以上的分析结果得出，杭州地区合理利用各种被动式节能措施可以提高全年热舒适度时间 5 倍以上，可有效地节约主动式采暖与制冷的能耗。

4. 合肥地区

1）气候分析

从数据分析（图 4-1-24）可得出合肥地区基本气候特点：①存在较大的昼夜温差；②全年温度波动幅度约为 36℃；③全年平均气温为 16.2℃，平均相对湿度 77.6%，平均风速 2.8 m/s，平均直射太阳辐射 92.7 W/m²，平均散射太阳辐射 67 W/ m²。

图 4-1-25 为合肥地区全年温度分布图，当室内温度处于 15~30℃ 之间时，可以认为处于可接受的舒适性范围。如图可知，合肥地区处于可接受舒适性范围的时间约为全年的 50.3%。

2）合肥地区被动节能技术应用潜力分析

图 4-1-26 为合肥地区利用各种不同的被动式技术达到室内热舒适的范围。由于与上海、南京、杭州地区的气候特点相似，各种不同被动式技术的影响因素和影响结果与上海、南京、杭州地区相似，在此不再赘述。

图 4-1-27 为各种被动策略的逐月效果分析图。从结果来看，在合肥地区使用自然通风、高热容的围护结构与夜间通风可以显著地提高全年的热舒适度，高的室内热容量也可以明显提高室内热舒适度，被动式太阳能采暖与蒸发冷却效果一般。

图 4-1-28 为综合各种被动策略的总效果。从以上的分析结果得出，合肥地区合理利用各种被动式节能措施可以提高全年热舒适度时间 6 倍以上，可有效地节约主动式采暖与制冷的能耗。

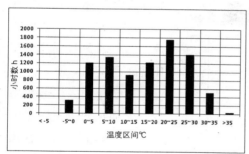

图 4-1-25　合肥地区全年温度分布图

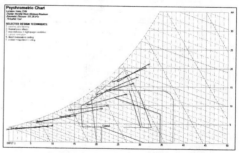

图 4-1-26　不同被动式技术所达到室内热舒适范围（合肥地区）

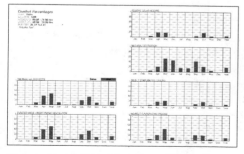

图 4-1-27　各种被动策略的逐月效果分析图

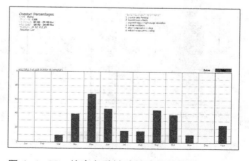

图 4-1-28　综合各种被动策略的总效果

4.1.2 被动适宜技术应用潜力分析

如图 4-1-29，综合分析上海、南京、杭州、合肥等长三角典型城市的气象数据可知：在长三角地区，全年的自然条件下的温度热舒适时间段约占全年的 47% ~ 54%；其余时间室外的温度不属于舒适性温度范围，但通过合理的采用各种适宜性的被动式技术，可以显著提高室内的热舒适性范围。

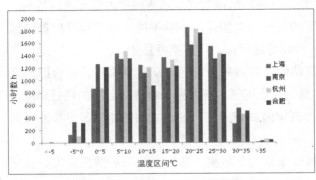

图 4-1-29　上海、南京、杭州、合肥气象数据图

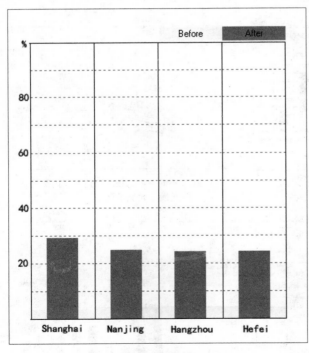

图 4-1-30　节能措施采用前后的全年热舒适时间所占比率

通过在长三角地区综合运用被动式太阳能采暖、蓄热、高热容的围护结构与夜间通风、自然通风、直接蒸发降温、间接蒸发降温等被动式节能措施，可显著提高室内的热舒适时间。其中，被动式太阳能采暖、直接蒸发降温、间接蒸发降温等被动措施效果有限；蓄热、高热容的围护结构与夜间通风、自然通风等措施效果明显（图 4-1-30）。

在全年的效果分析中以自然通风对舒适度影响最大，也最能显著地提高室内舒适度时间，主要的影响时间段是 4 月至 11 月，即使在夏季最热的 7、8 月份，自然通风也有较大的影响。蓄热、高热容的围护结构与夜间通风主要影响 4、5、9、10 月份的大部分时间，以及 6、11 月份的一段时间。

4.2 住栋与户型的自然通风技术

室内空气的质量直接影响着人的身体健康，已经引起越来越多人的关注。要创造一个舒适的室内环境，必须要保证室内外空气的流通顺畅。尤其在长三角地区，对住宅的自然通风要求较高，良好的自然通风条件不仅能保证室内的舒适性，也能极大地减少建筑能耗。我国《绿色建筑评价标准》中有多项条文涉及室内自然通风，从这些条文规定中可以看出，无论是住宅领域还是公建领域，绿色建筑都应十分重视自然通风在设计中的作用，体现 "被动式技术优先"的绿色建筑设计理念。

表 4-2-1 《绿色建筑评价标准》中与通风相关的条文规定

住宅建筑	4.1.4	住区建筑布局保证室内外的日照环境、采光和通风的要求，满足现行国家标准《城市居住区规划设计规范》（GB 50180）中有关住宅建筑日照标准的要求
	4.2.4	利用场地自然条件，合理设计建筑体形、朝向、楼距和窗墙面积比，使住宅获得良好的日照、通风和采光，并根据需要设遮阳设施
	4.5.4	居住空间能自然通风，通风开口面积在夏热冬暖和夏热冬冷地区不小于该房间地板面积的 8%，在其他地区不小于 5%
公共建筑	5.2.7	建筑外窗可开启面积不小于外窗总面积的 30%，透明幕墙具有可开启部分或设有通风换气装置
	5.5.7	建筑设计和构造设计有促进自然通风的主动措施

4.2.1 作用与适用条件

1. 自然通风的目的和功能

自然通风设计是指在建筑方案中结合气候环境，通过合理的总体布局与单体设计，实现室内良好通风状况的建筑设计方法，是目前最经济、高效的绿色技术措施之一。长三角地区气候分区上主要位于夏热冬冷地区，春秋过渡季节气候适宜，有利于利用自然通风改善室内舒适度。有关研究表明，不同地区可资利用的自然通风时间一般占全年的 30% 左右，过渡季节自然通风有效时间最大可达到 80%（图 4-2-1）。因此，在绿色建筑设计中，应优先考虑自然通风设计。

室内自然通风有利于建筑内部环境空气质量的改善以及排除室内余热、余湿，使室内温、湿度环境适宜人们的生活与工作，是当今建筑普遍采用的一项改善室内热环境、降低建筑能耗的技

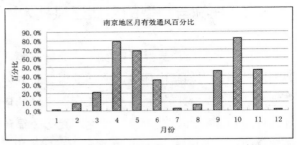

图 4-2-1　南京地区有效通风百分比

术，其主要具有三种不同的功能：健康通风、热舒适通风和建筑降温通风。

健康通风要求用室外的新鲜空气实现室内的换气，使室内空气的清新度和洁净度达到卫生标准。在通风设计上，设计人员应正确选择最小新风量和换气次数，通过选择合理的自然通风方式以提高房间的通风换气效果、控制 HVAC 系统和建筑围护结构的湿度以减少微生物的生长、选择低挥发性材料等技术措施，改善室内空气品质。

热舒适通风通过排除室内余湿、余热，直接增加人体散热并防止皮肤出汗引起的不舒适，使人体处于热舒适状态。热舒适通风取决于气流速度和形式，而非换气量或换气次数。在热舒适通风中，重要的是控制气流速度而不是换气率。在室内进行一般作业时，理想风速应控制在 1.0 m/s 以内。当风速超过 1.5 m/s 时，气流则会干扰纸张作业，这时必须控制风量及风流经过的路径，风速较大时人会产生不舒适感。表 4-2-2 为风速对人体作业的影响。

表 4-2-2　风速对人体作业的影响

风速（m/s）	对人体作业的影响
0~0.25	不易察觉
0.25~0.5	愉快，不影响工作
0.5~1.0	一般愉快，但是需要提防纸张被吹散
1.0~1.5	稍微有风以及令人讨厌的吹袭，桌面上的纸张会被吹散
>1.5	风吹明显，如若维持良好的工作效率及健康条件，需改善通风量和控制通风路径

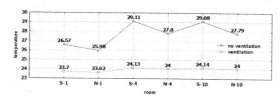

图 4-2-2　同一房间通风与不通风状态下的平均温度

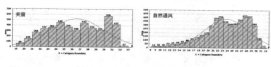

图 4-2-3　一楼南向卧室温度分布

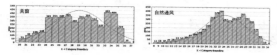

图 4-2-4　四楼南向卧室温度分布

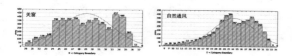

图 4-2-5　十楼南向卧室温度分布

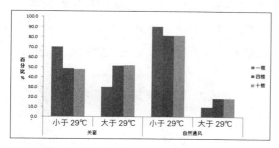

图 4-2-6　温度分布统计

建筑降温通风主要通过通风将室内的热量排走，降低室内温度和围护结构表面温度（图 4-2-2），建筑降温通风的效果主要取决于室内外温差，当室内气温高于室外时，通风可以降低室内温度，反之效果则相反。对于长三角地区而言，夏季夜间通风和过渡季节全天候通风常能起到显著的降温效果。

为了研究自然通风对居住建筑室内热环境的影响效果，课题组选定南京两个典型小区项目，运用模拟软件对室内热环境进行了计算并做了现场实验测试。

如图 4-2-3 至图 4-2-5 所示为 5 ~ 10 月期间，一楼、四楼、十楼房间分别为关窗和自然通风状态下室内的温度分布。从结果可以看出，在关窗状态下一楼室内温度分布低于 29℃的时间占整个时间段的 70%，而在自然通风状态下为 90%；四楼、十楼在关窗状态下温度分布低于 29℃的时间占整个时间段的 48.6%，而在自然通风状态下为 81.3%。可见自然通风可以显著地降低室内的温度，使其达到舒适的温度（图 4-2-6）。

综合分析表明，进行适当的自然通风之后，房间平均最低温度平均降幅为 57.22%，其平均最高温度平均降幅为 5.98%，室内平均温度降幅为 13.66%。在清晨将封闭的房间开窗通风，对降低室内自然室温有积极的作用，在较炎热的季节，可以将有效通风的时段控制在凌晨 2：00-8：00 之内。短时间的间歇通风可以改善室内空气品质，但由于墙体蓄热量的作用，对于降低室内温度效果不大。并且测试表明，连续通风时，室内温度与室外温度跟随性较好，根据这一特征，居住建筑可以在气温适当的时间里大量采用自然通风，以改善室内环境。

2. 自然通风的适用条件

长三角地区气候兼有寒冷地区与炎热地区的气候特点，夏季炎热，太阳辐射强，梅雨季节湿度较大，天气闷热，而冬季则较为阴冷，雨量多。全年相对湿度较大，气候条件相对较差。在夏季要注意隔热、排热，冬季需要保暖。而且防潮也是建筑面临的一大问题，除了争取日照外，加强自然通风是解决这一问题的捷径。尽管这一区域夏季炎热、冬季阴冷，但其过渡季节较长，温度适中，气候宜人，也特别适合采用自然通风。而且在夏季的部分时间采用自然通风的手段也能够降低室内的热负荷，达到室内舒适的目的。

根据季节的变化采取适时的自然通风方式对于长三角地区室内热环境的改善非常重要。如果不顾室外气候条件的变化，一味加强通风，有时会适得其反。根据测试与研究的结果，适时的通风方案可概括如下：

冬季——保证室内最低的健康通风换气要求，应尽量减少透过缝隙的不可控制的冷风渗透，加强可控的通风换气方式。

春季——保证室内健康通风需求。

春末夏初——在沿海地区，室外气温急剧升高、空气潮湿，围护结构表面温度由于蓄热的作用会远低于室外气温。白天应限制通风，避免室外高温潮湿的空气与围护结构内表面接触而产生结露。可利用夜间通风除湿。

梅雨季节——采用有控制的通风或全天候的舒适通风方式，加强通风排湿，减少闷热感。

盛夏时节——减少热风渗透，采用夜间通风方式，必要时采用机械通风方式。在空调状态下要尽量减少热风渗透。

夏末秋初——全天候舒适通风。

秋季——保证室内健康通风需求。

4.2.2 通风机制研究

改善室内的风环境主要有两种方式：被动式（自然通风）和主动式（空调或其他机械设备）。在建筑设计层面，我们主要关注自然通风运用。自然通风的成因可分为两种：风压作用和热压作用。

所谓风压，是指空气流受到阻挡时动压转化而成的静压。当风吹向建筑时，空气的直线运动受到阻碍而围绕着建筑向上方及两侧偏转，在迎风侧形成正压区，背风侧形成负压区，使整个建筑产生压力差。如果围护结构的正压区和负压区设置开口，则两个开口之间就存在空气流动的驱动力。因此，当建筑垂直于主导风向时，其风压通风效果最为显著，我们通常所说的"穿堂风"就是风压通风的典型实例。一般来说，风压作用而形成的风速较大，技术实现也相对简单。风压作用要求建筑外环境的风资源状况比较好，而且与建筑布局和建筑间距、建筑朝向、建筑进深、窗户面积、开窗的形式以及室内的布局等因素有关。

热压通风即通常所说的烟囱效应，其原理为热空气（密度小）上升，从建筑上部风口排出，室外冷空气（密度大）从建筑底部被吸入。当室内气温低于室外气温时，气流方向相反。因此，室内外空气温度差越大，则热压作用越强。

形成热压通风需要注意以下几个要素：

1）上下窗口之间要有一定的高度差，即烟囱要有一定的高度。对于居住建筑而言，气流通道的有效高度很小，很难形成有效的压差，必须有相当大的室内、外温差才能使热压通风具有实际的用途。一般而言，这种较大的温差值只有在冬季和在寒冷地区才能出现，在夏季，除非设置烟囱等高差较大的拔风设施，普通房间难以依靠热压形成有效的热压通风。

2）建筑通风进出口位置有温度差，仅依靠室内热源形成稳定的热压差通常效果有限，难以保证通风量。因为通风能够瞬间改变室内的温度，因而很多时候热压通风的效果并不持续。热压作用与通风口温度差的大小成正比，通风口温度差值越大，热压作用越明显，相同条件下的热压通风通风量就越大。一种常用的方法是在建筑的上部形成一定的热源（利用太阳能在中庭上部进行加温，形成局部高温区，造成室内"强迫温差"，从而加强自然通风）。例如 Trombe 墙和热通道玻璃幕墙都是在夏季利用玻璃的温室效应来制造局部高温，加强室内温度场的不平衡，提高热压差，促进通风。

3）应注意中性面的位置，特别是需要利用烟囱来引导相邻建筑的通风时，烟囱效应会在建筑上部形成热空气的滞留层，即中性面。如果相邻房间的通风口位于中性面的位置将影响到相邻房间的自然通风，应注意避免中性面的影响。

在实际建筑中的自然通风是风压和热压共同作用的结果，只是各自的作用有强有弱。由于风压受到天气、室外风向、建筑物形状、周围环境等因素的影响，风压与热压共同作用时并不是简单的线性叠加。由于自然通风的复杂性，目前最有效预测自然通风的方法是借助先进的计算机技术对其进行数值模拟分析，从宏观和微观上反映自然通风的效果，为通风设计策略的合理性和可靠性提供保证。国内外主要采用CFD模拟分析技术对自然通风的效果进行预测和评价（图4-2-7）。

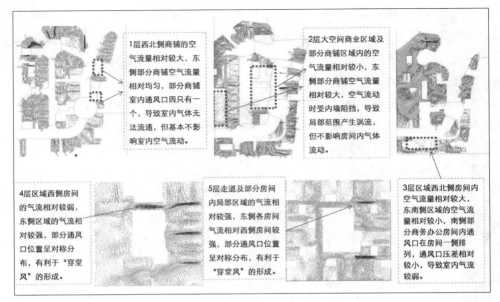

图 4-2-7 某项目室内自然通风模拟分析

4.2.3 单体建筑的通风设计

建筑物的自然通风一方面与风向、风速有关；另一方面，又与建筑设计如朝向、进出风口的位置和面积、建筑平剖面形式的合理选择等有较大的关系，它们是组织自然通风的重要措施。大多数情况下，自然通风系统中以窗户来充当进、出风口，窗户形式、面积大小及位置影响通风效率、室内气流组织和室内热舒适度。下面分别从住栋平面布局、剖面设计以及门窗设计三个方面介绍自然通风设计的主要方法。

1. 住栋平面布局

1）住栋形态对自然通风的影响

建筑周围的气流状况会因建筑物的形状、高度、建筑群体以及排列方式不同，产生很大差异，并在建筑附近产生湍流和涡流。当建筑平面形式为"凹"形或"L"形时，应尽可能使其凹口部分面向夏季主导风向；建筑平面进深不宜过大，这样有利于穿堂风的形成（图 4-2-8）。一般情况下平面进深不超过楼层净高的 5 倍，单侧通风的建筑，进深不宜超过净高的 2.5 倍，住宅总进深不宜大于 14 m。如图 4-2-9 为不同住栋形态建筑物周围的风环境分布，不同的住栋形态对其周围的风环境有较大的影响，所以在组织自然通风时可根据实际的需求选择与之相适宜的住栋形态。

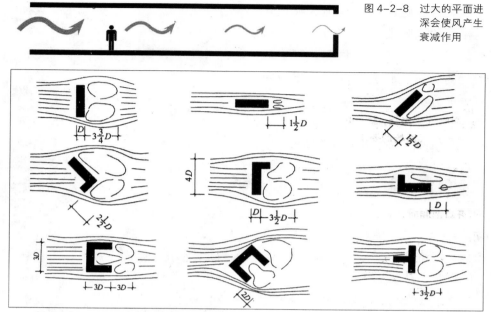

图 4-2-8 过大的平面进深会使风产生衰减作用

图 4-2-9 不同建筑体形在风作用下的气流分布

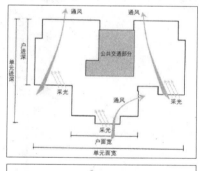

图 4-2-10 住宅建筑改善自然通风的平面布局

2）典型户型平面 CFD 模拟优化分析

在长三角地区，自然通风不仅能在过渡季节保证室内舒适性，也能在梅雨季节有效地排除室内潮气。住宅的平面布局对室内的通风影响较大，平面布局应该尽量当建筑平面采用外廊式布局时，房间沿走廊单向布置，气流可以穿堂而过，各房间的朝向通风都较好，结构简单，但建筑进深浅，不利于节约用地。内廊式布局，建筑进深大，因此需要合理组织通风，通过门窗相对设置可以形成通风路线，减少气流迂回路程和阻力，当走廊较长时，可在中间适当位置开设通风口或利用楼梯间通风，形成穿堂风，改善通风效果（图 4-2-10）。

住宅建筑可采用体型较为扁长的板式布置形式，同时合理设置门窗位置形成有效的通风路径，可以有效改善户型的自然通风。以下选取长三角地区典型住宅平面的实际项目做 CFD 的优化分析，通过分析可以对住宅户型通风的优劣性进行评判，并且提出以及可改进方案。

（1）宜兴市某住区项目

本项目的室内风环境的模拟分析选取了其一栋高层住宅的标准层（图4-2-11）作为测算对象，由于冬季室内门窗一般密闭，这里仅考虑夏季东南风条件。下面是对不同单元不同户型的分析结果。

①单元户型 1

通过对单元户型 1 的分析（图4-2-12，图 4-2-13）可以看出：A1、A2 两户中，客厅和其正对的餐厨空间、休闲阳台形成南北通透的格局，室内通风效果较好；主卧通风状况也较好，由于房间门和风向的对位关系，相较而言 A1 略优于 A2；次卧和卫生间进风不畅，室内风速仅 0.5 m/s，可见门窗对位在长三角地区户型中的应用可以很好地改善室内通风状况。B户中，在户门开启的情况下，主要使用房间均能取得较理想的通风，卫生间通风则较差。为此楼梯间北侧窗需

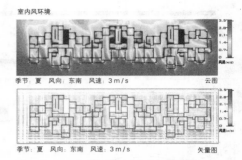

图 4-2-11　标准层室内风环境分析结果

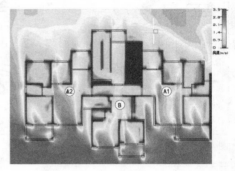

图 4-2-12　单元一室内风环境分析结果（云图）

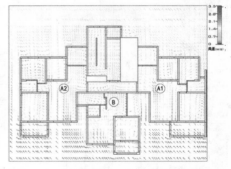

图 4-2-13　单元一室内风环境分析结果（矢量图）

保持较大的通风面积。很明显，通风对 B 户而言是最差的，户门开启会直接对住户私密性产生严重干扰，为此需要采取一些以保证私密性为前提的通风改善设计，可以在 B 户户门的门楣上部设置通风窗。在不能实现门窗对位情况下，增加在门或窗相对位置设置通风窗的方式也可以很好地实现有效的室内通风。

②单元户型2

通过对单元户型2的分析（图4-2-14，图4-2-15）可得出：在C1、C2中，客厅和休闲阳台直接正对，狭管效应使这片区域通风效果良好；次卧和卫生间由于门口的开启方向垂直于进风方向，通风不太理想；餐厅由于电梯井的遮挡，通风也比较不利。在观察中发现，房间门与风向的对位关系对室内风环境有明显的影响。以主卧和厨房为例，C1住户的房间门顺应气流走向，通风情况比C2住户的稍好。在实际使用过程中，与客厅正对的观景阳台极有可能被改造成书房、卧室等功能空间，届时客厅区域的通风状况将受到一定影响。由以上分析可以看出，如果室内可以形成有效的穿堂风，则室内的通风效果会较好。

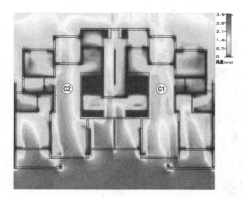 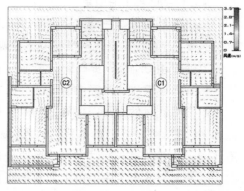

图4-2-14　单元二室内风环境分析结果（云图）　图4-2-15　单元二室内风环境分析结果（矢量图）

③单元户型3

通过对单元户型3的分析（图4-2-16，图4-2-17）可看出：A户中，客厅和餐厨空间、休闲阳台形成南北通透的格局，但餐厅区域被拐角遮挡，通风

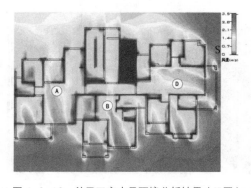 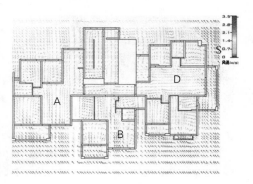

图4-2-16　单元三室内风环境分析结果（云图）　图4-2-17　单元三室内风环境分析结果（矢量图）

效果受到影响，次卧和卫生间通风较差。D 户中，客厅窗外开敞且开窗面积巨大，故客厅、餐厅区域通风较好，除东北角卧室和观景阳台外，南向两卧室通风效果也较好。对比单元户型 2 可以明显看出，形成穿堂风后室内的风速提高很大，室内的风环境改善较为明显。B 户在户门开启的情况下，客厅区域通风良好，次卧室的进风口由于被主卧的外墙体遮挡，通风比较一般。可以将 D 户客厅外阳台北移，为东北角卧室增设阳台门，以显著改善其通风效果，参照单元 1 中 B 户型布局，会取得改善效果，同样户门上方可设通风窗。可见在长三角地区，在围护结构的东向和南向开窗可以有效地利用夏季的主导风向，在室内形成良好的风环境。

（2）合肥某住宅项目

建筑通风要求与气候和季节有很大的关系。合肥地处夏热冬冷地区，夏季属于热湿型气候，这一气候类型要求建筑通风的气流速度保证散热和汗液蒸发。当气流速度由 0.1 m/s 提高到 0.3 m/s 时，相当于环境温度降低 1.5 ~ 3℃，显然提高室内空气流速对室内热环境有极大的改善作用。

本分析针对住宅夏季主导风向的迎风面进行被动式降温措施进行具体设计，达到了较好的效果。分析中采用的风向为夏季主导风向——南风，风速为 5 m/s。图 4-2-18 为改进前后住宅内部风速分布对比。

夏季南风条件下未改进前，离楼板 0.75 m 高处风速较小，尤其是卧室风速较低，不利于夏季的通风降温以及人体的热舒适。而改进后的室内风速得到了很大的提高，室内的通风状况得到了改善。

图 4-2-18　风环境分析结果（南风，离楼板 0.75 m）

从改进前后的室内 1.5 m 高出风环境分析结果（图 4-2-19）可以看出，在改进后不仅室内 0.75 m 处的风环境得到了极大的改善，而且也明显地增加了室内 1.5 m 高处的风速。夏季室内的通风换气次数有了很大提高，增加了对自然通风的利用率。

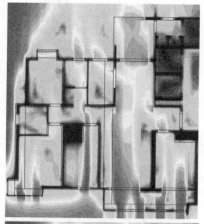

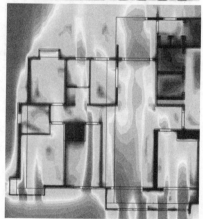

综合以上分析可得，在长三角地区室内布局设计中应注意以下几个方面：①门窗对位（不要求正对），顺应气流走向开门，可以使气流路径更顺畅，利于空气流通。如单元户型 2 左下角卧室的入户门，如能对着窗开设效果会更好。其余分析户型的模拟结果证实了这一点，门窗对位的卧室风环境显然更好。②形成穿堂风，实现南北通透的通风效果。如单元户型 1，B 户型入户门上开设通风天窗，其余分析户型的模拟结果证实了这一点，如客厅餐厅的穿堂风。③外窗直接朝向主导风向开设，更有利气流的进入，如单元户型 3，在 D 户型右上角卧室的东墙开设小窗，东南风可以直接进入。

图 4-2-19　风环境分析结果（南风，离楼板 1.5m）

2. 剖面设计

1）天井

天井是高宽比显著大于 1 的四面围合的院子，通过建筑与天井的组合可以有效组织室内自然通风。天井四周墙壁可以遮挡日间辐射，使得天井在白天受到的太阳辐射较少，比较阴凉，加上院内植被、水体的蒸腾作用和调节，进一步降低院落内空气温度，此时室内气温较高，院内冷空气在热压作用下流向室内；夜晚，院内的空气受到周边建筑影响加热上升，而上空冷空气下沉，并渗透到建筑内，有效改善室内热环境。在室外风速较大的情况下，内院处于负压区，自由对流比较活跃，热空气上升，受顶部风的影响迅速排走，"抽风"效果明显，可促进室内自然通风。

在高层住宅建筑中，也可以充分利用天井改善单朝向住宅的室内自然通风，

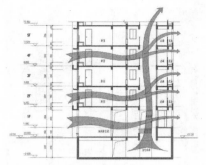

图 4-2-20 天井拔风效应示意

图 4-2-21 南京某保障性住房项目实景

图 4-2-20 的户型设计通过天井与外廊的布局，在局部形成南北向穿堂风，有效改善了中间户型的自然通风，一定程度解决了一梯多户的中间户型通风较差的弊端。此外，在迎风面的底层部分架空，让风进入天井，借助串通的厅廊构成通透的平剖面布局，对天井具有更好的通风效果。

2）天井通风案例分析

选择南京市某保障性住房项目（图 4-2-21）作为研究案例，该项目的规划与建筑设计以集成设计为理念，优先采用被动式设计手法，通过多种适宜、成熟的绿色技术集成应用，在满足保障性住房基本居住功能的同时，探索符合低收入人群的可持续居住发展模式，从而符合我国节约型城乡建设发展战略，是为居住者提供健康、适用的生活居住环境，实现人与自然和谐共生的绿色居住小区。

在自然通风方面，规划设计中借助于软件模拟分析优化建筑布局和住宅平面布局，在街坊内高层住宅底部全部架空 4.2 m，将住区外的自然风引入小区内部，使得组团中每栋住宅都能达到较佳的通风、景观和日照。在增加住户舒适度的同时，减少了采暖和空调的能耗。开敞的底层平台可以享受绿化空间的渗透，一方面可以提供不暴露在阳光炙烤下的活动场地；另一方面有利于通风，便于空气流动，缓解潮湿带走热量（图 4-2-22）。

单体设计上皆采用板式布局，通过北外廊与内天井结合的布局，加强了建筑的南北自然通风。内天井的设置不仅能够改善住宅的采光，在高层建筑中还形成了竖向拔风效应，大大加强了建筑内部的空气流通（图 4-2-23）。

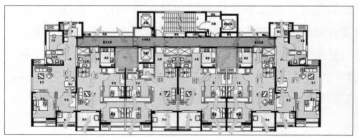

图 4-2-22 户型单元通风示意图

图 4-2-23 通风采光外廊

中庭也可以被认为是增加的屋顶天井，因此可以通过设计取得与天井类似的热压通风效果。同时，由于中庭不受风霜雨雪的影响，并且具有良好的视觉效果，因此成为各类型公共建筑设计中的重要手法。

3. 门窗设计

建筑的自然通风主要通过设置门窗来实现，窗户的朝向、尺寸、窗户位置以及窗户的开启方式等都会直接影响室内的气流分布和通风效果。门窗的相对位置决定了室内气流的流线及其影响区域；门窗的大小决定了室内通风量的大小，即室内的平均风速；窗户的开启方式同样对自然通风效果有很大影响。

1）门窗设计的基本原则

（1）门窗朝向：气流通过房间的路径主要取决于气流从进风口进入室内时的初始方向。良好的室内通风应使空气流场分布均匀，并使风场流经尽量大的区域，增加风的覆盖面。在许多情况下，特别是整个房间范围内均要求良好的通风条件时，窗口与风向成一定角度可取得更好的通风效果。

（2）窗户尺寸：合理选择进风口和出风口的尺寸，可以达到控制室内气流速度和气流流场的目的。长三角地区，为更好地加强室内自然通风，门窗的可开启面积不小于楼层面积的 8%，同时房间的进深应小于净高的 5 倍，健康住宅标准建议进深小于 14 m。

（3）窗口位置：在房间相对墙面开窗和相邻墙面开窗有不同的室内气流流场和通风效果。在相对墙面开窗时，非对称开窗的通风效果优于对称开窗；在相邻墙面开窗时，增大两窗的距离有利于风场流经整个房间。

窗口的竖向位置对室内气流流场也有一定的影响，采用低进风口—高出风口和低进风口—低出风口的布置形式可以使气流作用于人体，起到散热通风作用，采用高进风口—高出风口和高进风口—低出风口的形式，在人体高度不能产生期望的风速。

（4）窗户类型与开启方式：窗的类型及开启方式会对自然通风效果产生影响，通过窗的开启大小对进入室内的气流进行控制，可以通过窗户开启的不同方式引导或限制进入室内的气流，同样达到可控的目的。

2）门窗通风专题研究

（1）门窗位置及尺寸模拟研究

本专题利用 CFD 建立研究对象的计算模型，将流体动力学应用于模拟中进行计算，利用计算机数值模拟可以方便地仿真不同自然条件下的风环境。利用商业 CFD 软件 Flovent 建立了 8 个外观尺寸相同、内部隔断不同的计算模型，针对建筑门窗的不同布局在相同室外条件的情况下对室内风环境进行了模拟，通过比较直观的图片和可信的数据说明各种分隔的风环境，从而为今后的建筑设计和室内设计提供一些有益的参考。

（2）模拟分析模型

计算模型选取了 3 m 见方的空间，各模型基本情况如图 4-2-24 所示。假定图中物体布置为正南北向，其中位于模拟房间南面墙体的门洞尺寸为 1 000×2 100，北面墙体的窗洞尺寸为 1 000×2 100，室内隔墙上带有 1 000×2 100 的门洞，均为最简化模型状态。

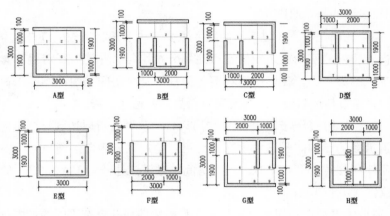

图 4-2-24　模拟分析模型 A-H

（3）模拟结果和分析

室外条件：南风，2.5 m/s（图 4-2-25）。

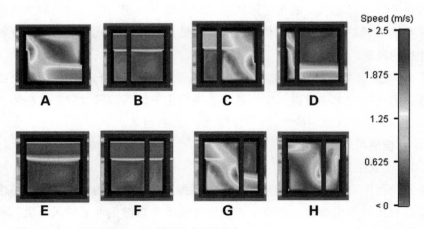

图 4-2-25　南风条件下 A-H 模型室内风速分布

室外条件：东南风，2.5m/s（图4-2-26）。

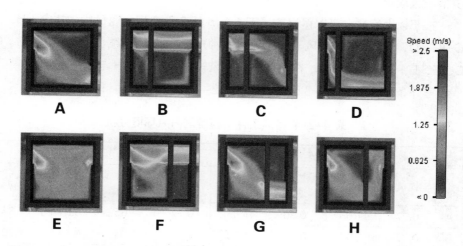

图4-2-26　东南风条件下A-H模型室内风速分布

室外条件：南风，2.5m/s（表4-2-3）。

表4-2-3　南风条件下模型室内风环境分析

户型	1.1m				1.5m			
	平均风速	最大风速比	最小风速比	通风能效	平均风速	最大风速比	最小风速比	通风能效
A	0.97	1.84	0.58	1.26	1.00	1.84	0.60	1.24
B	0.89	2.73	0.06	2.67	0.89	2.78	0.04	2.74
C	0.80	1.89	0.15	1.74	0.82	1.86	0.10	1.76
D	0.65	2.03	0.23	1.80	0.70	2.10	0.26	1.84
E	0.95	2.53	0.16	2.37	0.85	2.53	0.19	2.34
F	0.91	2.77	0.04	2.73	0.9	2.76	0.03	2.73
G	0.79	1.98	0.20	1.78	0.88	1.78	0.22	1.56
H	0.65	1.59	0.44	1.15	0.68	1.53	0.47	1.06

分析结果（表4-2-3）中，平均风速为整个室内计算区域的平均风速；最大风速比为计算区域中最大风速与平均风速的比值；最小风速比为计算区域中最小风速与平均风速的比值；通风能效定义为：(最大风速－最小风速)/平均风速；通风能效定义中既包含了计算区域中风场的均匀性，也包含了计算区域的风速

的平均值。可以在一定程度上综合反映风环境情况：即通风能效值越小，风环境情况越理想。

按照以上定义，可以得出南风下 1.1 m 处 8 种户型的通风优劣排序：H、A、C、G、D、E、B、F；南风下 1.5 m 处 8 种户型的通风优劣排序：H、A、G、C、D、E、F、B；综合可得，在南风下，通风较好的户型为 H 与 A 户型。

室外条件：东南风，2.5 m/s（表 4-2-4）。

表 4-2-4 南风条件下模型室内风环境分析

西风	1.1 m				1.5 m			
	平均风速	最大风速比	最小速比	通风能效	平均风速	最大风速比	最小风速比	通风能效
A	0.77	1.65	0.30	1.35	0.77	1.65	0.31	1.34
B	0.77	2.00	0.41	1.59	0.76	2.04	0.34	1.70
C	0.56	1.97	0.52	1.45	0.59	2.00	0.56	1.44
D	0.62	1.65	0.32	1.33	0.63	1.72	0.33	1.39
E	0.77	1.61	0.50	1.11	0.8	1.49	0.67	0.82
F	0.79	1.91	0.23	1.68	0.79	1.81	0.16	1.65
G	0.73	1.89	0.21	1.68	0.75	1.79	0.23	1.56
H	0.65	1.61	0.53	1.08	0.68	1.54	0.59	0.95

按照以上定义，可以得出东南风下 1.1 m 处 8 种户型的通风优劣排序：H、E、D、A、C、B、F、G；南风下 1.5 m 处 8 种户型的通风优劣排序：E、H、A、D、C、G、F、B；综合可得，在南风下，通风较好的户型为 E 与 H 户型（表 4-2-4）。

（4）综合模拟结果分析

在正南风条件下，A 型与 B 型比较，A 型门、窗洞口错位，促使风穿过较大的空间；B 型门、窗对齐，形成了明显的穿堂风效果，但对室内其他区域没有改善作用，反而因其有了隔断，使得隔断两个区域的通风效果较差。

在正南风条件下，B 型与 C 型比较，窗洞由北部（B 型）移动到南部（C 型），C 型无穿堂风效应，其隔断的较大区域内风环境有显著提升。

在正南风条件下，A 型与 E 型相比，窗洞由南部（A 型）移动到北部（E 型），E 型在门窗区域形成了较大的穿堂风，风速接近外环境；内部其他区域的通风状况很差。A 型室内整个通风情况较好。（实际设计中，门窗洞口的位置会影响到室内风环境。在本实验中，门窗错位的效果较门窗对齐的效果佳。）

无论在正南风或东南风条件下，C型和D型比较可得出，两个隔断区洞口对齐的部位形成穿堂风，洞口错位的区域风则穿过室内区域流动，有利于改善整个区域的风环境。

在正南风的条件下，G型在较大隔断区产生了涡流，不利于空气置换和使用者的身体健康，这在实际设计中需要引起注意，尽量避免。在西北风的条件下，则没有出现涡流。（由此可见，建筑室内设计时必须与客观物理环境紧密联系，设计过程不是一劳永逸、放之四海而皆准的。）

无论在正南风或是东南风条件下，H型由于其外部门窗洞口和内部隔断开洞口都错位，所以室内风速比较均匀，风环境较好。

A-H型在东南风的外环境条件下，比其在正南风的条件下，室内通风效果佳，表现在整个室内环境的风速比较均匀，风速变化平滑。（考虑建筑布局时，尽量与主导风向成一定的角度，对其室内整个风环境有显著的改善）。

从上述模拟和分析可以得出，室内隔断、门窗洞口位置会对室内风环境产生很大的影响，室内隔断在一定程度能改善室内风流动（如G型）。但是要合理设计隔断的大小和位置，否则容易出现B型和F型，恶化室内通风效果，使局部出现无风区。在一个建筑空间里，门窗位置尽量错开，利于引导风在穿过整个空间，也能改善阴角区的风环境（如C、D和H型）。在实际设计过程中要紧密结合项目的地理特征和气象条件，设计出合时合地舒适的建筑。

3）窗户类型与开启方式研究

门、窗开启方式是建筑设计中为满足使用目的必不可少的设计过程，建筑师在选用门窗时多考虑门窗的密封性、防水性、开闭方便，而利用开启方式来改善室内通风质量往往考虑甚少，从人们生活习惯来看，常会自觉地通过调整门窗的开启角度来引导自然风，但由于门窗设计不合理所造成对通风影响的缺陷给人们带来不便，因此，在选用门窗时应综合考虑其导风效果。住宅中常用门窗形式如下：

平开窗可完全开启，通过窗户开启的角度变化起到一定的导风作用，而且关闭时气密性佳，是较理想的开窗方式。外开形式会遮挡部分斜向吹入的气流，而内开方式则能将室外风完全引入室内，相比之下内平开窗更有利于通风。

下悬窗具有一定导风作用，内开形式将风导向上部，并加快流入室内风速。外开方式则将风导入下方，吹向人体，但存在遮挡现象，减弱了风速。

上悬窗也有导风作用，内开形式将风导向地面，吹向人体，并能加快风速。

外开方式将风导入上方，由于开启位置处于人体高度，风尚能掠过人体，但存在遮挡现象，减弱了风速。相比内开方式更好。

中悬窗的导风性能明显，而且开启度大不存在遮挡，是比较好的方式，逆反方式将风引入下方，正反方式将风引入上方，当窗洞口位置较低可选用正反式，窗洞口较高选择逆反式，使风导向人体。

立式转窗类似于中悬窗，导风性能优，可使来自不同方向的风导入室内。

推拉窗无任何导风性能，而且可开启面积减少了一半，对于通风来讲是不利的，而且推拉窗的窗型结构决定了其气密性较差，导致在采暖、空调房间"热、冷量"的流失多于其他窗型，因此不建议使用。

窗开启方式的不同对通风的影响程度差异较大（图4-2-27），在选用时应考虑以下几个方面：窗的开启应满足较大洞口率，以保证足够大的面积完成通风目的；有可调整的开启角度，并能有效引导气流；尽量将风引向人体活动高度。

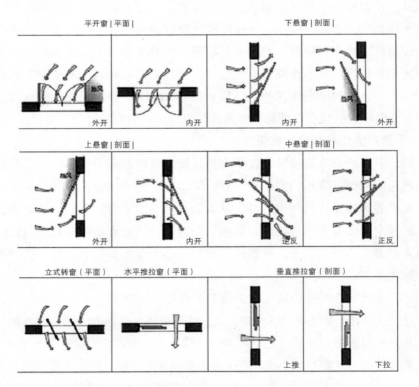

图4-2-27 常用窗户开启方式对风的影响

4）增强窗户通风基本方式

（1）导风板设置

在有些情况下由于受平面限制，窗户开口不利于自然通风的组织，如单侧开窗、角部垂直开窗，此时可在窗外合理设置导风板来改善室内通风。导风板的工作原理是通过改变表面气压的分布，引起气压差，从而改变风的方向。图4-2-28为设置导风板后室内空气流通效果。

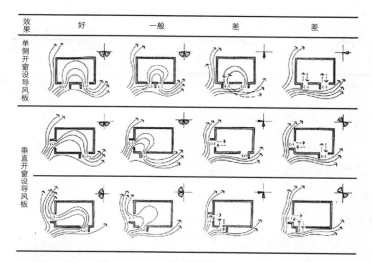

图4-2-28 导风板设置方式对室内气流影响

利用集风型的导风板则更能提高室内通风效果，这种方式常常和遮阳设计相结合。勒·柯布西耶在马赛公寓设计中，在窗外设置水平、垂直交错的挡板既能遮阳又能导风（图4-2-29）。由于集风型导风板需一组挡板共同作用，对立面影响较大，在设计时需综合考虑而用之。

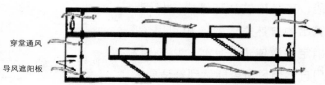

图4-2-29 马赛公寓遮阳集风板

（2）水平挑檐

当设置水平遮阳板等水平挑檐时，会使气流转向顶棚，因为实心的挑檐破坏了它上方的正压与窗户下方的正压之间的平衡。但是，当采用百叶式的水平挑檐或在挑檐与窗户之间留出大于 15 cm 空隙时，会使挑檐上方的正压改变吹入房间的方向。把挑檐设在墙壁上高于窗户的地方，同样会导致风往下偏转，有利于风吹向室内的居住者（图 4-2-30）。

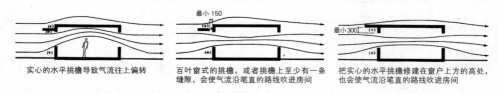

| 实心的水平挑檐导致气流往上偏转 | 百叶窗式的挑檐，或者挑檐上至少有一条缝隙，会使气流沿笔直的路线吹进房间 | 把实心的水平挑檐修建在窗户上方的高处，也会使气流沿笔直的路线吹进房间 |

图 4-2-30　水平挑檐对室内气流影响

4.2.4　新型通风技术——混合通风

1. 自然通风能效分析

1）热舒适度

现在主要使用的热舒适度评价标准包括：ASHRAE 热感觉标度、PMV 热感觉标度、适应性模型等。很多学者的研究都表明，在自然通风状态下，PMV 的热感觉标度和实际的人体感觉有着较大的差别，而由 de Dear 提出的适应性模型，它的特点是使可以接受的室内温度变化范围与室外月平均温度相联系。

适应模型根据 90% 和 80% 可接受舒适度定义了一个室内舒适温度的范围，如图 4-2-31 所示，在实际应用中可计算出指定月份的最高和最低气温的平均值，而后根据图确定自然通风建筑中室内有效温度的可接受范围。在建筑的设计阶段，可将建筑热环境模拟模型计算出的自然室温数值和利用该图确定的数值进行比较，以确定利用自然通风是否能达到舒适要求，或是否需要空调系统。

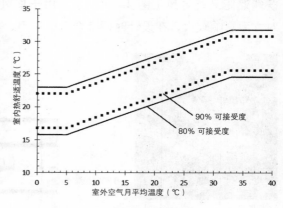

图 4-2-31　适应性模型热舒适范围

2）气候分析

采用适应性模型对三种不同气候区的室外典型气象数据及自然通风潜力进行分析。适应性模型采用对特定月的温度最高及最低的平均值，通过室外月平均气温与室内热舒适温度的关系分析确定室内温度可接受的变化范围（见表4-2-5）。

表4-2-5　不同城市室内80%可接受的温度变化范围

城市	月份	1	2	3	4	5	6	7	8	9	10	11	12
北京	上限（℃）	22.9	22.9	23.5	25.9	27.8	29.1	29.3	29.1	27.4	25.6	23.1	22.9
	下限（℃）	15.9	15.9	16.5	18.9	20.8	22.1	22.3	22.1	20.4	18.6	16.1	15.9
南京	上限（℃）	22.9	22.9	23.9	25.8	27.6	28.8	29.9	29.9	28.4	26.5	24.4	22.9
	下限（℃）	15.9	15.9	16.9	18.8	20.6	21.8	22.9	22.9	21.4	19.5	17.4	15.9
广州	上限（℃）	25.4	25.7	26.7	28.2	29.3	29.8	30.3	30.1	29.8	28.9	27.6	26.3
	下限（℃）	18.4	18.7	19.7	21.2	22.3	22.8	23.3	23.1	22.8	21.9	20.6	19.3

3）分析模型

（1）围护结构

建筑外围护结构的选取分为：基准建筑、普通保温性能建筑、高保温性能建筑（表4-2-6）。通过对不同保温性能的分析，进行围护结构对自然通风效能影响的分析。

表4-2-6　围护结构热工性能参数

类型	墙体	屋顶	窗户		地板
	K[W/(m² · K)]	K[W/(m² · K)]	K[W/(m² · K)]	SHGC	K[W/(m² · K)]
基准建筑	3.240	5.570	5.894	0.861	5.980
普通保温性能建筑	0.697	0.596	3.122	0.762	0.596
高保温性能建筑	0.224	0.193	1.757	0.471	0.193

（2）通风模式

选择三种不同的通风模式：①全通风模式（全年保持通风开启，作为与其他两种通风模式的对照）；②夜间通风模式（通风时间从夜间12：00到早上6：00，其余时间为关）；③温控通风模式（室内温度高于舒适性温度的上限，并且同时满足室外温度在可接受范围内，且室内外温差为2℃以上时通风为开，当室外温度不处于舒适范围内，且室内外温差小于2℃，通风为关）。

4）NVP 通风能效结果分析（图 4-2-32 ~ 图 4-2-34）

寒冷地区（北京）

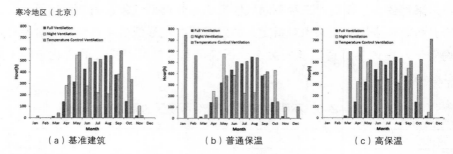

（a）基准建筑　　　　　　（b）普通保温　　　　　　（c）高保温

图 4-2-32　北京地区不同围护结构下三种通风方式的逐月 NVP 利用时数

夏热冬冷地区（南京）

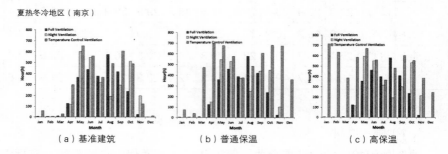

（a）基准建筑　　　　　　（b）普通保温　　　　　　（c）高保温

图 4-2-33　南京地区不同围护结构下三种通风方式的逐月 NVP 利用时数

夏热冬暖地区（广州）

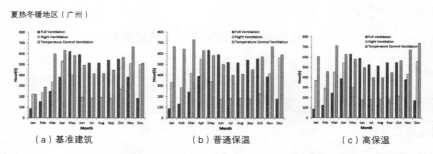

（a）基准建筑　　　　　　（b）普通保温　　　　　　（c）高保温

图 4-2-34　广州地区不同围护结构下三种通风方式的逐月 NVP 利用时数

　　从以上的分析可以看出，即使是在不同的气候区，对于自然通风的利用都有很大的潜力。但是在实际的应用当中，由于城市规划、建筑形式等各种因素的影响，对于自然通风的利用有着很大的局限性，不能实现对于自然环境最大限度的利用。尤其对于室内通风来说，实现按需通风不能仅仅依靠自然的风力和热压作用形成的通风。

2. 混合通风简介

混合通风作为一种新型的通风方式，它不同于在暖通空调中所提的"混合通风"。建筑中的混合通风作为一种新型的通风模式，兼有自然通风和机械通风两种方式，可以根据实际情况按需通风（图4-2-35）。

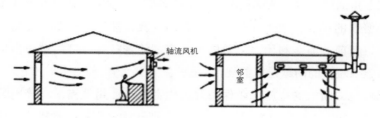

图4-2-35 混合通风示意图

3. 混合通风原则

1）自然和机械通风

自然和机械通风原则是基于在控制策略中可以转换的两个完全独立的系统，或者在某种情况下使用一个系统，其他情况下使用另一个系统。它包括系统在过渡季节使用自然通风，在冬夏季使用机械通风；或者在工作时间使用机械通风，在夜间冷却时使用自然通风。

2）风机辅助自然通风

风机辅助自然通风原则是基于一个结合了抽或送风机的自然通风系统。它包含自然通风系统在弱自然驱动力或在通风需求增加的情况，通过辅助风机的增压或减压来实现。

3）烟囱与风机结合的机械通风

烟囱与风辅助的机械通风原则主要基于机械通风系统，它可以最佳化地使用自然驱动力。它包含了压力损失较小的机械通风系统，自然驱动力也可以考虑作为必需压力的一部分。

总体来说，混合通风更加强调通风对舒适性的改善效果同时兼顾节能降耗。它可以充分利用自然气候因素，如太阳、风、土壤、室外空气、植被、水蒸气等为室内创造一个舒适的环境，同时达到改善室内空气品质和节能的目的（图4-2-36）。

图4-2-36 烟囱与风机结合的机械通风

4.3　外围护结构的隔热保温与节能

4.3.1　长三角地区住宅节能概要

长江三角洲地处我国东部经济相对发达地区，该地区普遍存在着人多地少、资源能源匮乏的特点，绝大部分煤炭、石油以及天然气等能源物资需要从其他地区输入，目前的能源利用水平总体也不高。随着社会经济的进一步发展，该地区资源能源短缺的问题已经显现，并呈日益突出之势。部分大城市已经采用冬、夏季局部停电、断气的措施，以保障居民生活用电、用气需求。该地区建筑能耗占全社会总能耗的比例约为 20% 以上，采取科学合理的技术措施，加强建筑节能工作，是贯彻环保优先、节约优先方针的战略举措，是实现节能减排目标的迫切需要，对于保证长三角地区可持续发展具有重大的现实意义。

建筑物围护结构是指构成建筑空间、围合建筑空间四周的构件，如门、窗、墙等，能够有效地抵御不利环境的影响。围护结构的热工性能直接决定了建筑的室内热环境质量和建筑采暖空调能耗的高低，围护结构节能技术体系是研究绿色建筑技术的重要一环。

在建筑能源消耗的组分中，尤以面广量大的住宅比例占多。住宅类建筑的围护结构性能研究与设计一直是建筑节能研究的重要内容。目前长三角地区建筑节能50% 标准的设计方法、适宜技术已非常成熟，相关设计标准、设计图集、施工规程得到有效的贯彻实施。在建筑节能50% 标准的基础上，研究如何通过采用适宜的技术实现更高节能目标，是该地区建筑节能发展的当务之急。通过科学合理的技术手段，提高建筑物围护结构的热工性能，在保证建筑使用功能和室内热环境质量的条件下，减少采暖空调设备的使用时间，降低建筑能耗，达到提高居住舒适度和节约能源的双重效能，是实现更高节能目标的有效策略。

4.3.2　围护结构各部分能耗比例分析

为了进一步降低长三角地区住宅建筑的采暖、空调能耗，需要对构成住宅整体能耗的各部分进行比较分析，以确定该地区建筑节能的重点发展方向。通常，建筑节能任务是通过三个途径来实现的：①改善围护结构热工性能，减少传热量；②提高窗户的气密性；③提高采暖空调设备的效率，减少耗电量。为了分析这三种途径中能耗的比例情况，课题组成员南京银城公司结合自己开发的住宅项目中的典型住宅，对不同层数住宅的能耗比例进行了模拟分析，同时也模拟分析了外窗通风换气对总能耗的贡献率。为便于统一比较，假定住宅的采暖空调设备在冬夏季连续运行。所采用的模拟软件是清华大学研制的建筑能耗模拟软件 DeST-h。首先模拟计算出基础住宅全年采暖空调能耗，这个数值定义为基准能耗值。在计算围护结构某一部分能耗比重时，第一步是先计算出该部分分项能耗：将该部分设置成绝热（计算外窗时，还需要将夏季遮阳系数设置为0，冬季设置为1），再次计算全年采暖空调能耗，并用基准能耗值减去再次计算出的全年采暖空调能耗，将差值结果定义为该部分分项能耗。最后将该部分分项能耗除以基准能耗值，从而得出围护结构各部分能耗比例。

（1）计算模型

课题组选取三栋典型住宅建筑（五层、十一层、二十五层）作为基础建筑模型，建筑面积分别是 2 291.5 m²、7 958.4 m²、14 175.8 m²，层高均为 2.9 m，建筑朝向为正南，三栋典型住宅标准层平面图见图 4-3-1 至图 4-3-3。

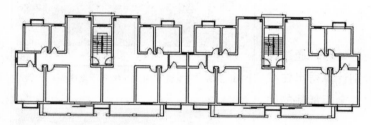

图 4-3-1　五层建筑标准层平面图

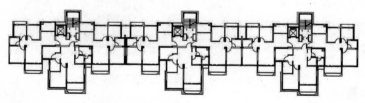

图 4-3-2　十一层建筑标准层平面图

图 4-3-3　二十五层建筑标准层平面图

（2）参数设置

按照《江苏省居住建筑热环境和节能设计标准》（DGJ 32/J71—2008）50% 节能设计的规定，将基准建筑围护结构参数进行设置。

三栋典型住宅建筑内部的热扰设定为：室内照明 0.587 5 W/ m²，室内人员、设备等 4.3 W/ m²；夏季室内温度设定为 26℃，冬季室内温度设定为 18℃。

建立建筑模型时，将卧室、起居室、书房设置为空调房间，卫生间和厨房不设置空调。住宅夏季和冬季空调的启用时间设置分别是：6 月 15 日至 9 月 25 日、12 月 1 日至 2 月 28 日。

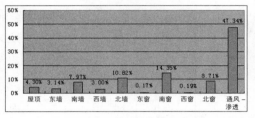

图 4-3-4　五层住宅围护结构各项冬季能耗比例

房间采暖空调系统设置为连续运行，空调房间与室外空气之间的通风换气频率为 1 次 / h。

（3）计算结果

计算出基准能耗值之后，通过反复多次计算，可以分别计算得出住宅围护结构各部分在建筑全年能耗的比重关系。

①五层建筑围护结构能耗比重

五层住宅全年能耗中，围护结构各分项所占比重如图 4-3-4 至图 4-3-6 所示。

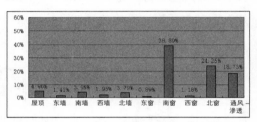

图 4-3-5　五层住宅围护结构各项夏季能耗比例

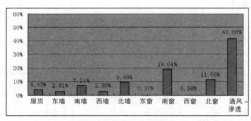

图 4-3-6　五层住宅围护结构各项全年能耗比例

从以上图中可以看出，五层住宅围护结构冬季能耗中，外墙占 24.93%，外窗占 23.42%，屋顶占 4.30%，外墙和外窗所占比重相近。

五层住宅围护结构夏季能耗中，外墙占 11.10%，外窗占 65.21%，屋顶占 4.96%，外窗所占比例最大。

五层住宅全年能耗中外墙占 22.29%，外窗占 31.40%，屋顶占 4.43%，换气能耗占 41.88%，由于换气能耗也是通过外窗产生的，外窗所占总比例最大。

②十一层建筑围护结构能耗比重

十一层住宅全年能耗中，围护结构各分项所占比重见图4-3-7 至图4-3-9 所示。

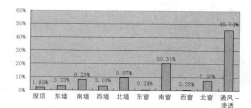

图 4-3-7　十一层住宅围护结构各项冬季能耗比例

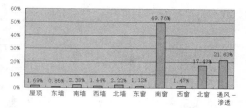

图 4-3-8　十一层住宅围护结构各项夏季能耗比例

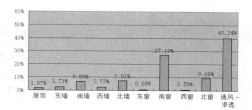

图 4-3-9　十一层住宅围护结构各项全年能耗比例

从以上图中可以看出，十一层住宅围护结构冬季能耗中，外墙占 24.13%，外窗占 28.21%，屋顶占 1.92%，外窗所占比例最大。

十一层住宅围护结构夏季能耗中，外墙占 6.90%，外窗占 69.79%，屋顶占 1.69%，外窗所占比例最大。

十一层住宅全年能耗中外墙占 19.86%，外窗占 38.03%，屋顶占 1.87%，换气能耗占 40.24%，同样外窗所占比例最大。

③二十五层建筑围护结构能耗比重

二十五层住宅全年能耗中，围护结构各分项所占比重见图 4-3-10 至图 4-3-12 所示。

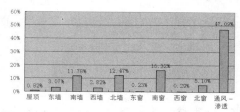

图 4-3-10　二十五层住宅围护结构各项冬季能耗比例

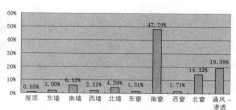

图 4-3-11　二十五层住宅围护结构各项夏季能耗比例

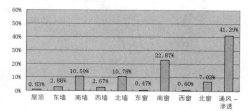

图 4-3-12　二十五层住宅围护结构各项全年能耗比例

从以上图中可以看出，二十五层住宅围护结构冬季能耗中，外墙占 30.15%，外窗占 21.94%，屋顶占 0.82%，外墙所占比例最大，外窗次之。

二十五层住宅围护结构夏季能耗中，外墙占 14.62%，外窗占 65.14%，屋顶占 0.85%，外窗所占比例最大。

二十五层住宅全年能耗中外墙占 26.93%，外窗占 30.96%，屋顶占 0.836%，换气能耗占 41.29%，外窗所占比例最大。

（4）计算结果分析

通过以上分析可以得出以下结论：

①围护结构冬季能耗中，由通风、渗透引起的能耗是主要部分，约占冬季能耗的 50%，外墙和外窗能耗比重相近。

②围护结构夏季能耗中，外窗所占比例最大，达到 70% 左右，是住宅夏季能耗的主要部分。

③从降低围护结构全年能耗的角度来说，最主要的突破口是外窗，即通过降低外窗传热系数，降低外窗夏季遮阳系数，提高冬季的遮阳系数。其次的技术改进措施才是外墙。

④为了降低住宅围护结构的采暖能耗，增强窗户的气密性，同时采用可控的热回收通风换气装置是非常必要的。

4.3.3　窗墙比对住宅能耗的影响分析

外窗是建筑必不可少的组成部分，与墙体和屋面相比，外窗的热工性能最差，是影响建筑能耗的主要因素之一。由以上分析可知，外窗约占住宅全年能耗的 40%，并且随着窗墙比的扩大，外窗能耗的比重必然会进一步增加。因此，从节能的角度出发，必须限制窗墙面积比。

（1）参数设置

课题组采用 DeST 模拟软件，以南京的典型住宅为例建立模型，在研究某一方向窗墙比变化对建筑能耗的影响时，保持基准住宅其余设定参数不变，只改变其这个方向的窗墙比，动态模拟得到相应窗墙比与典型空调房间的能耗关系的数据。其他方向的研究依次类推。

考虑到江苏地区建筑窗墙比的实际情况，课题组研究时各个方向窗墙比的变化范围如下：南向：0.3~0.55，北向：0.25~0.45，东向：0.1~0.3，西向：0.1~0.3。

（2）计算结果

图 4-3-13 至图 4-3-14 是在不同南向窗墙比条件下，采暖空调间歇或连续运行时，南向房间能耗的变化趋势：

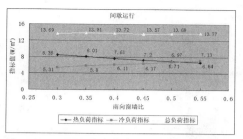

图 4-3-13 不同南向窗墙比下南向房间能耗
（间歇运行）

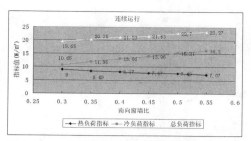

图 4-3-14 不同南向窗墙比下南向房间能耗
（连续运行）

由图 4-3-13、图 4-3-14 计算结果可知：空调间歇运行模式下，南向窗墙比每增加 0.05，南向房间热负荷指标减小 4.55%，冷负荷指标增加 6.07%，总负荷指标增加 0.12%。

空调连续运行模式下，南向窗墙比每增加 0.05，南向房间热负荷指标减小 4.71%，冷负荷指标增加 8.75%，总负荷指标增加 3.44%。

图 4-3-15 至图 4-3-16 是在不同北向窗墙比条件下，采暖空调间歇或连续运行时，北向房间能耗的变化趋势：

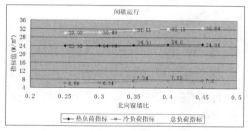

图 4-3-15 不同北向窗墙比下北向房间能耗
（间歇运行）

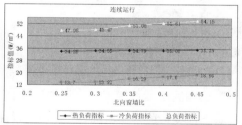

图 4-3-16 不同北向窗墙比下北向房间能耗
（连续运行）

空调间歇运行模式下，北向窗墙比每增加 0.05，北向房间热负荷指标增加 0.95%，冷负荷指标增加 6.51%，总负荷指标增加 2.15%。

空调连续运行模式下，北向窗墙比每增加 0.05，北向房间热负荷指标增加 0.75%，冷负荷指标增加 8.32%，总负荷指标增加 3.09%。

图 4-3-17 至图 4-3-18 是在不同东向窗墙比条件下，采暖空调间歇或连续运行时，东向房间能耗的变化趋势：

空调间歇运行模式下，东向窗墙比每增加 0.05，东向房间热负荷指标增加 0.83%，冷负荷指标增加 10.3%，总负荷指标增加 3.41%。

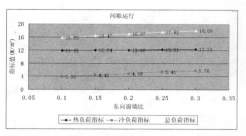
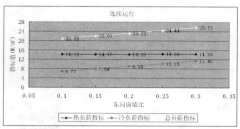

图 4-3-17　不同东向窗墙比下东向房间能耗　　　图 4-3-18　不同东向窗墙比下东向房间能耗
　　　　　　（间歇运行）　　　　　　　　　　　　　　　　　　（连续运行）

空调连续运行模式下，东向窗墙比每增加 0.05，东向房间热负荷指标增加 0.28%，冷负荷指标增加 14.0%，总负荷指标增加 5.35%。

图 4-3-19 至图 4-3-20 是在不同西向窗墙比条件下，采暖空调间歇或连续运行时，西向房间能耗的变化趋势：

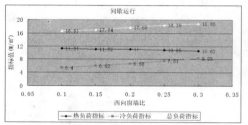
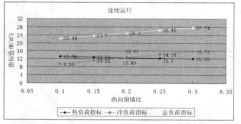

图 4-3-19　不同西向窗墙比下西向房间能耗　　　图 4-3-20　不同西向窗墙比下西向房间能耗
　　　　　　（间歇运行）　　　　　　　　　　　　　　　　　　（连续运行）

空调间歇运行模式下，西向窗墙比每增加 0.05，西向房间热负荷指标减少 1.34%，冷负荷指标增加 11.1%，总负荷指标增加 3.21%。

空调连续运行模式下，西向窗墙比每增加 0.05，西向房间热负荷指标减少 2.09%，冷负荷指标增加 13.8%，总负荷指标增加 5.44%。

（3）计算结果分析

以上分析得出了在不同窗墙比的条件下，空调房间全年单位面积供暖能耗、空调能耗以及供暖空调总耗电量的变化趋势。对于南京地区的住宅建筑来说，加大窗墙比对降低冬季供暖能耗有利，但考虑到将增加夏季制冷能耗，窗墙比的加大是非常不利。

通过以上分析可知，对于某一朝向的空调房间来说，其受窗墙比增加的影响非常大（某一朝向窗墙比每增加 0.05，该朝向空调房间全年能耗增加 2% ~ 5%）。

因此从降低建筑实际能耗和提高室内热舒适性的角度来看，在满足建筑室内采光的前提下，应严格限制窗墙比，尤其应限制东、西墙窗墙比。考虑到江苏省居民生活习惯和室内日照、采光要求，居住建筑东、南、西、北向窗墙比应该分别限制为 0.2、0.45、0.2、0.35。

由于在夏季外窗能耗比重的构成中，相比于温差传热引起的冷负荷来说，太阳辐射得热引起的冷负荷占了非常大的权重。因此，夏季的空调节能应主要从降低窗户的遮阳系数着手，并可根据实际情况适当地配合采用内外遮阳。

4.3.4　外窗热工性能对住宅能耗的影响分析

（1）热工参数设置

为分析外窗热工性能改善对建筑全年能耗降低的影响，课题组以十一层建筑为例，提出以下三种外窗热工性能参数配置，通过建筑能耗模拟软件计算及分析，得出外窗的节能特性，如表 4-3-1 所示。

表 4-3-1　居住建筑外窗节能技术措施方案

围护结构	50% 参数设置	方案一	方案二	方案三
外墙传热系数 [W/(m² · K)]	1.25	1.25	1.25	1.25
外窗传热系数 [W/(m² · K)]	3.0	3.0	2.5	2.0
外窗遮阳系数 （SC）	0.6	0.25/0.8	0.25/0.8	0.25/0.8
内墙传热系数 [W/(m² · K)]	1.963	1.963	1.963	1.963
屋面传热系数 [W/(m² · K)]	0.75	0.75	0.75	0.75
楼板传热系数 [W/(m² · K)]	1.957	1.957	1.957	1.957
地面传热系数 [W/(m² · K)]	1.50	1.50	1.50	1.50

方案一：增加外遮阳，其他与 50% 节能标准相同。

方案二：增加外遮阳，窗户传热系数降为 2.5 W/(m² · K)；其他与 50% 节能标准相同。

方案三：增加外遮阳，窗户传热系数降为 2.0 W/(m² · K)；其他与 50% 节能标准相同。

（2）模拟软件参数设置

住宅建筑内部的热扰设定为：室内照明 0.587 5 W/ m²，室内人员、设备等 4.3 W/ m²；夏季室内温度设定为 26℃，冬季室内温度设定为 18℃。

建立建筑模型时，将卧室、起居室、书房设置为空调房间，卫生间和厨房不设置空调。住宅夏季和冬季空调的启用时间设置分别是：6 月 15 日至 9 月 25 日、12 月 1 日至 2 月 28 日。

房间采暖空调系统设置为连续运行和间歇运行两种模式。其中连续运行时，空调房间与室外空气之间的通风换气频率为 1.0 次 / h。

间歇运行时设置方法为：

①冬季：采暖季内全天 24 小时自然通风换气频率均为 0.5 次 / h。

②夏季：空调季内日最高温度低于 32 ℃时，全天自然通风换气频率设为 5 次 / h。日最高温度高于 32 ℃时，在开启空调的作息时间内，自然通风换气频率设为 0.5 次 / h；对于其余时刻，室外气温高于 30 度，自然通风换气频率设为 0.5 次 / h，室外气温低于 30 度，自然通风换气频率设为 5 次 / h。

（3）计算结果

课题组分别在连续和间歇两种空调模式下，计算了三种外窗技术方案的建筑能耗水平，如表 4-3-2 所示。

表 4-3-2　十一层建筑能耗指标值

负荷指标值	间歇运行			连续运行		
	方案一	方案二	方案三	方案一	方案二	方案三
热负荷指标（W/m²）	11.72	10.87	9.99	15.81	14.67	13.55
冷负荷指标（W/m²）	6.46	6.41	6.35	9.97	9.66	9.42
总计负荷指标（W/m²）	18.18	17.28	16.35	25.78	24.32	22.97
在 50% 基础上的降幅（%）	15.8	20	24.3	18.4	23	27.3

（4）计算结果分析

采用节能设计方案一：在节能 50% 的基础上，只对外窗遮阳提高要求，东南西向外窗采用活动外遮阳。冬、夏季遮阳系数分别为 0.8/0.25。这种方案的经济性好。在节能 50% 的基础上，全年能耗可以再次降低 15.8%（间歇运行）/18.4%（连续运行）。

采用节能设计方案二: 在节能50%的基础上, 对外窗遮阳提高要求的同时, 要求提高一些外窗热阻值。冬、夏季遮阳系数分别为0.8/0.25, 外窗传热系数为2.5W/(m²·K)。在节能50%的基础上, 全年能耗可以再次降低20%(间歇运行)/23%(连续运行)。

采用节能设计方案三: 在节能50%的基础上, 对外窗遮阳提高要求的同时, 进一步提高一些外窗热阻值。冬、夏季遮阳系数分别为0.8/0.25, 外窗传热系数为2.0W/(m²·K)。在节能50%的基础上, 全年能耗可以再次降低24.3%(间歇运行)/27.3%(连续运行)。

计算结果表明: 提高外窗遮阳性能, 能够显著降低建筑夏季空调能耗, 提高外窗热阻值对采暖能耗影响大。从降低建筑全年能耗的角度来说, 外窗是节能措施的重要突破口, 需要重点控制外窗的太阳辐射, 并增加外窗传热阻。

4.3.5 外墙热工性能对住宅能耗的影响分析

（1）热工参数设置

为分析外墙热工性能改善对建筑全年能耗降低的影响, 课题组以十一层建筑为例, 提出以下八种外墙热工性能参数配置, 通过建筑能耗模拟软件计算及分析, 得出外墙的节能特性, 如表4-3-3所示。

表4-3-3 居住建筑外墙节能技术措施方案

围护结构	方案一	方案二	方案三	方案四	方案五	方案六	方案七	方案八
外墙传热系数 [W/(m²·K)]	0.5	0.7	0.9	1.1	1.3	1.5	1.7	1.9
外窗传热系数 [W/(m²·K)]	3.0	3.0	3.0	3.0	3.0	3.0	3.0	3.0
外窗遮阳系数 (SC)	0.6	0.6	0.6	0.6	0.6	0.6	0.6	0.6
内墙传热系数 [W/(m²·K)]	1.963	1.963	1.963	1.963	1.963	1.963	1.963	1.963
屋面传热系数 [W/(m²·K)]	0.75	0.75	0.75	0.75	0.75	0.75	0.75	0.75
楼板传热系数 [W/(m²·K)]	1.957	1.957	1.957	1.957	1.957	1.957	1.957	1.957
地面传热系数 [W/(m²·K)]	1.50	1.50	1.50	1.50	1.50	1.50	1.50	1.50

（2）模拟软件参数设置

住宅建筑内部的热扰设定为：室内照明 0.587 5 W/m²，室内人员、设备等 4.3 W/m²；夏季室内温度设定为 26℃，冬季室内温度设定为 18℃。

建立建筑模型时，将卧室、起居室、书房设置为空调房间，卫生间和厨房不设置空调。住宅夏季和冬季空调的启用时间设置分别是：6 月 15 日至 9 月 25 日、12 月 1 日至 2 月 28 日。

房间采暖空调系统设置为间歇运行模式。

①冬季：采暖季内全天 24 小时自然通风换气频率均为 0.5 次/h。

②夏季：空调季内日最高温度低于 32 ℃时，全天自然通风换气频率设为 5 次/h。日最高温度高于 32 ℃时，在开启空调的作息时间内，自然通风换气频率设为 0.5 次/h；对于其余时刻，室外气温高于 30℃，自然通风换气频率设为 0.5 次/h，室外气温低于 30℃，自然通风换气频率设为 5 次/h。

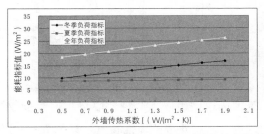

（3）计算结果

课题组在间歇运行模式下，计算了八种外墙技术方案的建筑能耗水平，如图 4-3-21 所示。

（4）计算结果分析

图 4-3-21　八种外墙节能技术方案的建筑能耗水平

由图 4-3-21 可以看出，在外墙传热系数从 0.5 W/(m²·K) 增加到 1.9 W/(m²·K) 的过程中，传热系数每增加 0.1 W/(m²·K)，冬季能耗增加 3.87%，夏季能耗增加 0.61%，全年能耗增加 2.52%。

冬季外墙传热系数变化对建筑能耗的影响要大于夏季，这是由于冬季建筑物室内外温差要大于夏季，所以增加墙体保温厚度、减少外墙传热系数对冬季建筑节能的贡献率要大于夏季的贡献。

计算结果表明，从降低建筑全年能耗的角度来看，减小外墙传热系数仍然是一项重要的措施。在对建筑墙体结构不造成影响和工程造价可控制的前提下，在 50% 节能墙体设计的基础上，应进一步降低传热系数。

4.3.6　屋顶热工性能对住宅能耗的影响分析

（1）热工参数设置

为分析屋顶热工性能对建筑全年能耗降低的影响，课题组以五层建筑为例，提出以下五种屋顶热工性能参数配置，通过建筑能耗模拟软件计算及分析，得出屋顶的节能特性,如表 4-3-4 所示。

表 4-3-4　居住建筑屋顶节能技术措施方案

围护结构	方案一	方案二	方案三	方案四	方案五
外墙传热系数 [W/(m²·K)]	1.25	1.25	1.25	1.25	1.25
外窗传热系数 [W/(m²·K)]	3.0	3.0	3.0	3.0	3.0
外窗遮阳系数 (SC)	0.6	0.6	0.6	0.6	0.6
内墙传热系数 [W/(m²·K)]	1.963	1.963	1.963	1.963	1.963
屋面传热系数 [W/(m²·K)]	0.45	0.55	0.65	0.75	0.85
楼板传热系数 [W/(m²·K)]	1.957	1.957	1.957	1.957	1.957
地面传热系数 [W/(m²·K)]	1.50	1.50	1.50	1.50	1.50

（2）模拟软件参数设置

住宅建筑内部的热扰设定为:室内照明 0.587 5 W/m²,室内人员、设备等 4.3 W/m²;夏季室内温度设定为 26℃,冬季室内温度设定为 18℃。

建立建筑模型时,将卧室、起居室、书房设置为空调房间,卫生间和厨房不设置空调。住宅夏季和冬季空调的启用时间设置分别是:6 月 15 日至 9 月 25 日、12 月 1 日至 2 月 28 日。

房间采暖空调系统设置为间歇运行模式。

①冬季:采暖季内全天 24 小时自然通风换气频率均为 0.5 次/h。

②夏季:空调季内日最高温度低于 32 ℃时,全天自然通风换气频率设为 5 次/h。日最高温度高于 32 ℃时,在开启空调的作息时间内,自然通风换气频率设为 0.5 次/h;对于其余时刻,室外气温高于 30℃,自然通风换气频率设为 0.5 次/h,室外气温低于 30℃,自然通风换气频率设为 5 次/h。

（3）计算结果

课题组在间歇运行模式下,计算了五种屋顶技术方案的建筑整体能耗和顶层房间水平,如图 4-3-22 至图 4-3-23 所示。

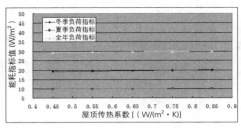 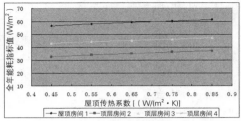

图 4-3-22　屋顶节能技术方案（建筑整体能耗）　图 4-3-23　屋顶节能技术方案（顶层房间能耗）

（4）计算结果分析

由图 4-3-22、图 4-3-23 可以看出，在屋顶传热系数从 0.45 W/(m²·K) 增加到 0.85 W/(m²·K) 的过程中，传热系数每增加 0.1 W/(m²·K)，建筑全年整体能耗增加 0.7%；传热系数每增加 0.1 W/(m²·K)，顶层房间全年能耗平均增加 2.51%。

由此可见对于建筑整体能耗来说，降低屋顶传热系数的节能作用微乎其微（建筑层数越多，屋顶的节能作用越小），但对于顶层房间来说，提高屋顶热阻值的节能效果却非常明显。同时由于屋顶的传热面积大，屋顶热工性能对顶层房间的热环境影响非常大，因此，必须加强屋顶的保温和隔热。

4.3.7　长三角地区住宅冬季零采暖技术探讨

所谓零采暖技术，是在没有供暖的情况下室内能够达到较为舒适的环境状态。国外发达国家关于被动式建筑设计的理论和实践的研究已经取得了丰硕的成果，如德国柏林工业大学 Rainer Hascher 多年来一直从事被动式太阳能采暖 TWD 系统、夏季建筑被动式热防护及太阳能光电板在建筑中的应用研究，从建筑技术角度对建筑各个部位的材料的保温蓄热性能以及新材料的开发与应用进行探讨。日本的加藤义夫概括了被动式太阳能设计的手法，介绍了自己参与设计的 5 个被动式建筑设计方案（主要集中在小住宅设计）。国内在被动式采暖设计研究方面也积累了丰富的成果。这些研究大多是针对寒冷地区的，夏热冬冷地区的被动式太阳能设计策略的研究则相对缺乏。

因为传统的原因，在夏热冬冷地区人们更多关注的是夏季炎热的问题。事实上，尽管该地区夏季防热的问题较为突出，但仅就能源消耗而言，用于冬季采暖的能耗往往要高于用于制冷的能耗，特别是位于长江下游的长三角地区冬季寒冷的问题更为突出，住宅冬季采暖能耗要占到全年总能耗的 60%～70%。因此研究该地区冬季零采暖能耗的设计策略是非常必要的。

我国的夏热冬冷地区大部分处在太阳辐射资源 Ⅲ 区，即资源可利用区（图4-3-24），夏热冬冷地区的东部在冬季的太阳能资源要远高于西部地区。通过对比我国与欧洲和北美的一些典型城市在冬季的平均日照时数和日照百分率（图4-3-25），我们可以发现在冬季太阳能辐射资源方面，我国夏热冬冷地区的太阳能资源远远超过欧洲并与北美洲基本持平，北美洲以及我国夏热冬冷地区的各城市日照时数和日照百分率分别都在 115 小时和 39% 左右。在被动式太阳能应用十分广泛的欧洲，太阳能辐射资源相对贫乏，只占到我国夏热冬冷地区太阳辐射资源的 50%。

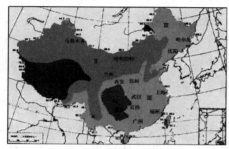

图 4-3-24 我国的四个太阳辐射资源带分布
资料来源: 付祥钊. 中国夏热冬冷地区建筑节能技术 [J]. 新型建筑材料，2000(6):13

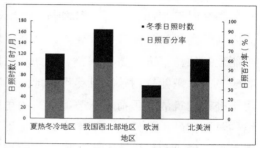

图 4-3-25 不同地区冬季平均日照时数及日照百分率对比
资料来源: 涂逢祥，王美君. 中国的气候与建筑节能 [J]. 暖通空调，1996(4):11-14

在气候资源方面，太阳辐射对建筑节能是一个有利因素，也是一个地区能否广泛使用太阳能的先天要素。欧洲国家冬天太阳能资源不及我国，却能够在建筑设计中积极推广和利用太阳能，欧洲一些发达国家的被动式太阳能应用已经趋于成熟。根据对夏热冬冷地区太阳能资源的分析和与我国西北部地区以及欧洲、北美洲的太阳能资源进行对比，可以得出这样的结论: 在太阳能资源方面，太阳能在夏热冬冷地区建筑采暖中的被动式应用具有明显潜力。

（1）被动式采暖的基本策略

夏热冬冷地区冬季室外平均气温在 0~10℃之间。通过被动式采暖技术使得室内温度维持在 16℃（人体感觉较为舒适的温度下限）以上是有一定技术难度的。其技术实现的关键在于下面三个方面。

①高保温性能的围护结构系统

冬季建筑传热损失主要通过温差传热和通风换气传热等两种途径。和北方地区相比，目前夏热冬冷地区建筑围护结构的热性能普遍较低，通过温差传热的热损失占主要部分。因此，实现建筑被动式采暖的首要因素是提高建筑围护结构系统的保温性能。

在围护结构部件中，窗系统的热性能尤为重要，因为窗既涉及传热损失，也涉及太阳辐射得热。因此，对于窗系统来说，低传热系数和高太阳辐射得热系数两者缺一不可。考虑到夏季的防热问题，窗系统同时还应有高效的遮阳系统。

对于夏热冬冷地区，保证冬季被动式采暖的建筑围护结构的热性能要求是本文重点研究的内容。

②充分利用太阳能

太阳能建筑对方位的要求是为了使建筑物尽量多和快地得到太阳能辐射热。在冬季 9 时至 15 时的太阳能辐射热占全天辐射热的 90% 左右，因此在这段时间内保证足够的日照非常重要。为了充分发挥太阳能辐射热的效能，可根据太阳能建筑的特征进行方位调整。例如从利用太阳能的角度考虑，应使南墙面吸收较多的太阳能辐射热，且尽可能地大于其向外散失的热量，以将这部分热量用于补偿建筑的净负荷。从节能建筑的角度考虑，对建筑节能的效果以外围护结构总面积越小越好这一标准来评价是不够的，而应以南墙面足够大、其他外表面尽可能小为标准来评价，即表面面积系数（建筑物其他外表面面积之和与南墙面积之比）。这就是被动式太阳能建筑对围护结构面积的要求。除此之外，还要用建筑物的表面面积系数来研究建筑体型对节能的影响，从而获得更多的太阳能辐射热。从降低能耗的观点来看，长轴朝向东－西的长方体体型最好，正方形次之，长轴朝向南－北的长方体体型的建筑节能效果最差。学校的教室上午希望室温尽快上升，而夜间室内无人，可将方位角定为南偏东 5°~15°；住宅建筑由于夜间住人，下午尽量使太阳能辐射热进入室内，可将方位角南偏西 5°~15°。

③有效的夜间保温措施

由于窗户在夜间不能再得到太阳辐射热量，是一个纯失热的部件，所以加强夜间保温是行之有效的办法。这样窗户本身的传热系数不用再降到很低，就可以达到保温的效果。在窗户内侧或外侧增加活动保温百叶，在早上 8 点到晚上 8 点打开，其余时间关闭。

（2）被动式采暖分析模型

①模拟分析软件

采用 EnergyPlus 软件进行模拟计算分析。EnergyPlus 是由美国劳伦斯伯克利国家实验室（LBNL）开发的建筑能耗模拟软件。可以用来对建筑的采暖、制冷、照明、通风以及其他能流进行模拟分析。它基于 BLAST 和 DOE-2 中最为流行的特色和功能，并具有创新的模拟功能，例如小于 1 h 的时间步长、模块系统、与热平衡区域模拟整合的设备、多区域空气流、热舒适、水利用、自然通风和光电系统。

②分析模型与设置

选择一栋一梯两户的普通住宅楼作为分析模型（图 4-3-26）。该形式在夏热冬冷地区较为普遍。设定该建筑坐北朝南，为一栋小高层居住建筑，建筑面积约 3 337 m²，高 38 m，体形系数 0.34。具体进行模拟分析的是位于中间层的单元住宅，以位于此栋建筑二楼的两户（包含楼梯间）为例，每户建筑面积为 121.7 m²。

以建筑设计图纸为依据，考虑到 EnergyPlus 中建筑几何参数输入的要求，进行了简化处理，将每户定义为一个热工分区（楼梯间为单独热工分区），其中每户的热工分区为空调区域，楼梯间为非空调区域。对于一个指定房间，将同朝向的窗户合并在一起作为一个大窗户，以简化在程序中的输入。窗墙面积比一般不会超过 0.4。各朝向的窗墙面积比如表 4-3-5 所示。

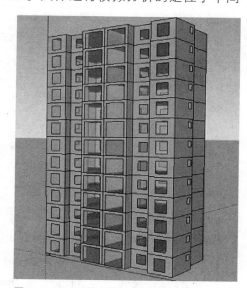

图 4-3-26　计算分析模型外观

表 4-3-5　建筑模型窗墙比

	朝　　向				总　计
	东向	南向	西向	北向	
外墙面积（m²）	44.52	66.08	44.52	66.08	221.2
开窗面积（m²）	1.62	26.04	1.62	16.95	46.23
窗墙比（%）	3.64	39.41	3.64	25.65	20.90

将中间的某一层（非顶层和底层）取出进行分析，将上下边界设置为绝热，因为在实际中，各层住户的温度都是相近的，楼上与楼下基本没有传热。被动式采暖对建筑物的围护结构有很高的要求，所以将墙体设置为保温效果很好的

材料。经过反复的尝试，最终确定外墙加了 100 mm 厚的 EPS 保温板（膨胀型聚苯乙烯塑料），得到墙体的传热系数为 0.255 W/(m²·K)。其余参数按照相关规范设定：换气频率设定为 0.5 次/h；内部散热体加了人和灯，灯按照规范设置为 7 W/m²。根据房间实际使用情况设置了时间分布模式：周一至周五早上 9 点到下午 5 点设置为关灯和无人，即工作时间人员外出家里无人的情况。为了考察冬季在无采暖条件下室内自由温度的变化状态，采暖系统启动温度设置为 10℃。通过实际的温度变化来调整墙体和窗的性能参数，保证室内处于较为舒适的温度范围。

窗户是冬季太阳辐射得热的主要部件，既要传热系数 K 值小，又要太阳辐射得热系数 SHGC 值高。采用 LBNL（美国劳伦斯伯克利国家实验室）开发的 Window 软件对窗构件进行了组合分析，最终确定窗的传热系数为 1.94 W/(m²·K)，SHGC 为 0.64。具体为：LOW IRON 2.5 mm + 12 mm 空气层 +LOW-E CLEAR 6 mm 的双层窗构造做法。

为了降低夜间透过窗户的热损失，提高室内舒适度，模型增加了窗户的夜间保温措施，具体为一块传热系数为 1.5 W/(m²·K) 的活动保温百叶，设定为早上 8 点到晚上 8 点打开，其余时间关闭。这样既不影响窗户在白天的太阳辐射得热，也起到了夜间保温的作用。

（3）计算结果

①典型城市冬季室内自由温度

我们对夏热冬冷地区几个有代表性的城市，南京、武汉、合肥、上海、成都等，分别做了模拟。这些城市虽均属于夏热冬冷地区，但其气候条件仍有一定的差异。由图 4-3-27 可知：夏热冬冷地区的中部和东部地区的太阳辐射要远高于西部地区。全年室内最低温度的模拟分析结果如图 4-3-28 所示。分析结果表明：冬季成都的太阳辐射值最低，所得室内自由温度比别的城市低；武汉的太阳辐

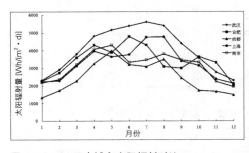

图 4-3-27　五个城市太阳辐射对比

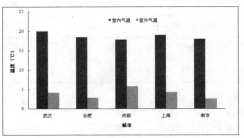

图 4-3-28　五城市的太阳辐射影响效果对比

射值最强，所得室内自由温度比别的城市高。五个城市的冬季室内最低温度都在 17℃以上，满足了建筑被动式采暖的要求。

②南京最冷日室内自由温度

以南京为例具体分析，冬季室内自由温度除在一月有部分低于18℃的情况，其他月份温度都高于18℃（图4-3-29 至图4-3-31）。图4-3-30 对比了最冷日一昼夜室内、外的温度变化情况。结果表明：尽管室外平均气温仅为 −0.65℃，室内最低温度仍可达到 18.3℃，昼夜平均气温达到 19.1℃。

为了验证夜间保温措施的效果，我们对比了有无夜间措施条件下的室内自由温度的变化情况。由图4-3-31 可以看出，采用夜间保温措施后，室内最低气温升高了 1.3℃，全天平均气温较未采取夜间保温措施时高 1.1℃。由此可见，采取夜间保温措施，可有效降低窗户夜间的传热损失，维持室内较为舒适的温度。

（4）结果分析

通过对夏热冬冷地区典型城市多层住宅冬季室内自由温度的模拟分析结果可以看出：

①该地区实现冬季零采暖条件下室内达到较为舒适的状态，在技术上是完全可行的。

②作为一种实现方式，当墙体传热系数低于 0.255 W/(m²·K)，窗的传热系数低于 1.9 W/(m²·K)，且其 SHGC

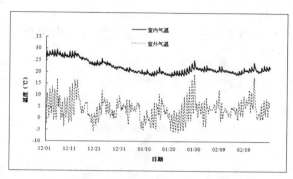

图4-3-29　模拟所得南京冬季室内自由温度

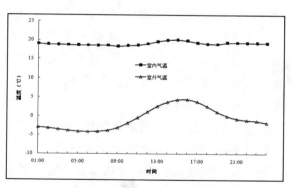

图4-3-30　南京室内、外温度对比（以最冷日为例）

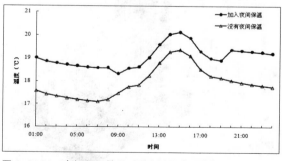

图4-3-31　夜间保温效果对比（以最冷日为例）

值高于 0.61 的情况下，夏热冬冷地区五个典型城市冬季室内最低温度均在 17℃以上，可以达到较为舒适的环境要求。

③在夏热冬冷地区要实现被动采暖的关键在于：围护结构的传热系数值小，保证热量不过多地散失；同时窗户的太阳辐射得热系数高，以保证获得足够的太阳能。

4.3.8 住宅外墙保温与室内自由温度的实验研究

为了进一步验证长三角地区冬季零采暖技术的可行性，课题组在东南大学大型动态建筑环境实验舱内开展了不同墙体构造下室内自由温度变化的对比实验。

1）试件安装条件与环境调试

（1）墙体构造

将实验所需的墙体砌筑于环境舱内。墙体宽度总共约 3 680 mm，高约 2 990 mm，厚度约 240 mm。在墙体勒脚部位，以水泥砂浆作为胶结材料，实砌 16 皮砖；基础墙身为砖砌体，将墙体固定于环境舱内。

为了确保实验过程中热流的一维方向传递，在墙体的四周均需作隔热处理：首先，在墙体与环境舱顶面、侧面接触的位置填充 40 mm 厚的 EPS/XPS 板，防止墙体与环境舱的顶面、侧面发生热交换；另外环境舱底面已经做过隔热处理，不需要采取隔热措施。

（2）实验墙体与环境舱侧壁的隔热构造

在实验墙体与环境舱侧面填充两片 EPS/XPS 板。用硅胶将 EPS/XPS 板固定于环境舱侧壁，EPS/XPS 板与实验墙体之间用水泥砂浆填实（图 4-3-32）。

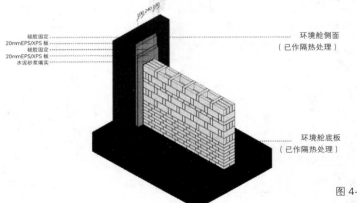

图 4-3-32 实验墙体与环境舱
侧壁的隔热构造

（3）实验墙体与环境舱顶棚的隔热构造

先用硅胶将两片 EPS/XPS 板固定于环境舱顶面，等实验墙体砌筑完毕以后，EPS/XPS 板与实验墙体之间用水泥砂浆填实（墙体顶部采用一皮侧砌砖填密实）。

（4）外窗构造

外窗采用的是 5+9+5 的中空玻璃，左右各一面窗，面积为 1 m×1.5 m，符合节能规范的窗地比和窗墙比要求。

（5）传感器安装

如图 4-3-33 所示，每组传感器由热流片和热电偶组成，安装于每个测点的内外表面。热电偶用于测试墙体表面温度，热流片用于测试通过墙体的热流量。6个测点均匀布置于墙体和窗户内外表面（如黑色圆点所示），测试砖墙和窗户热工性能。

（6）太阳辐射调试

由于气象参数中太阳辐射值为逐时的数据，不是连续变化的，

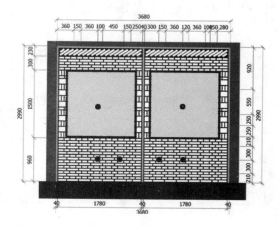

图 4-3-33　传感器布点位置

而且太阳辐射相对比较稳定，可直接由红外辐射灯开启的功率幅度决定，不需要进行反馈调节，因此，对于太阳辐射的控制采用固定输出。采用的测试仪器为 TBQ-2 总辐射表，是采用光电转换感应原理，它与计算机及各种记录仪配接使用，均能精确地测出太阳总辐射能量。在墙体分别布置三个，成对角线排列，如图 4-3-34 所示。

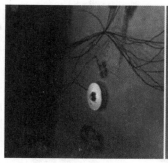
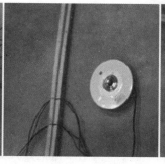
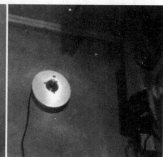

测点 1 位置（左下角）　　　　测点 2 位置（中间）　　　　测点 3 位置（右上角）

图 4-3-34　总辐射仪布置位置

红外辐射灯的输出控制电流为 4~20 mA，对应输出功率为 0~100%，所用的模拟太阳辐射的灯具为欧司朗 375 W 红外辐射灯，其输出功率为连续可调。调节输出不同的电流值，读出不同输出情况下各个测点所返回的太阳辐射量，所得的数据如表 4-3-6 所示。

表 4-3-6 不同输出电流下各测点所得太阳辐射值（W/m²）

单位：W/m²

输出百分比	输出电流（A）	测点 1	测点 2	测点 3	1,2 点平均
0.25	0.008	38.8	26.5	30.2	32.7
0.375	0.01	96.1	83.9	63.8	90.0
0.5	0.012	169.7	158.7	106.9	164.2
0.5625	0.013	217.1	203.1	134.5	210.1
0.625	0.014	266.6	249.7	163.9	258.1
0.6875	0.015	325.2	301.1	198.9	313.2
0.75	0.016	381.7	353.3	233.6	367.5
0.8125	0.017	443.0	408.7	270.8	425.8
0.875	0.018	505.2	466.5	308.4	485.8
0.9375	0.019	578.8	532.5	351.3	555.6
1	0.02	652.7	596.4	394.1	624.5

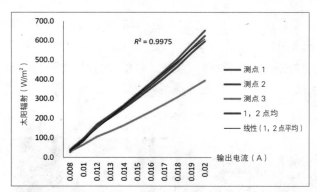

图 4-3-35 输出电流于各测点太阳辐射值线性相关性

当输出百分比在 25% 以下时，总辐射表电压无稳定得数，电压值稳定在几个数据之间无规律跳动。故选择 25% 输出以上值分析。三个测点的线性相关性都很好。但是彼此之间存在差值。测点 1、测点 2 差距随着开启百分比加大变小。测点 3 数值则一直保持在比前两点低较大幅度的情况中。可能由于测点 3 在靠近角落的地方，超出了辐射面板能直射的范围。因此选取 1，2 点的平均值作为判别依据，所得的数据线性关系良好，由图 4-3-35 可知，其趋势线的 $R^2 = 0.997$，再根据公式确定输出电流与最终所得太阳辐射值的关系，调控太阳辐射输出量为所需值。

加载南京冬季某日垂直于墙体方向太阳辐射值（表4-3-7），对红外辐射灯进行逐时控制，连续运行两日后其结果如图4-3-36所示。由图4-3-36可以看出，实测值与设定值曲线非常吻合，控制精确。加载的太阳辐射参数是根据ECOTECT计算的垂直照射于墙面的部分，因为本实验的辐射面板只能垂直照射到墙面上。需要说明的是，由于环境舱太阳辐射最大强度限制所致，最多只能到达600W/m²的辐射强度，且整体实际值比控制值要小一些，为了跟实际情况更加贴近，分别在早晨七点和下午四点补充了200 W/m²和100 W/m²的太阳辐射量。

表4-3-7　设定太阳辐射气象参数（来源：ECOTECT）

时刻	法向辐射 (W/m²)	散射辐射 (W/m²)	太阳高度角	遮挡 （%）	垂直表面辐射 (W/m²)
8：00	495	100	57.78°	0%	314
9：00	613	127	49.21°	0%	463
10：00	670	142	41.6°	0%	571
11：00	711	142	36.26°	0%	644
12：00	676	146	36.97°	0%	612
13：00	432	179	34.1°	0%	446
14：00	373	140	37.4°	0%	366
15：00	270	83	46.67°	0%	226
累积					3643

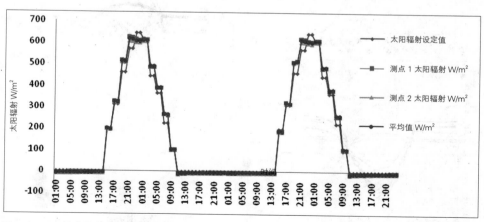

图4-3-36　设定值与实际输出值比较

（7）温度控制调试

为了验证环境舱的温度控制运作情况，加载某一日气象参数进行连续运行。

① 室内外气温

室外的温度跟控制文件几乎一致，说明控制情况良好，另外由图 4-3-37 可以看出，室内温度随室外温度的升高而升高，随室外温度的降低而降低，跟室外温度的变化趋势一致，但是始终比室外温度要高 5 ~ 10℃。在太阳辐射比较强烈的情况下，室内温度持续上升，在 14：00 左右达到最高值 20.7℃。

② 各测点热流

由图 4-3-38 可以看出，墙体部分 1 ~ 4 点在无太阳辐射情况下热量传递量较少，由室内流向室外，在有太阳辐射的时候稍大，由室外传向室内；窗体的部分 5、6 两点热量传递较大，在无太阳辐射的时候，热量从室内流到室外，在有太阳辐射的情况下，热量从室外流向室内，并且数值随太阳辐射的强度改变。

③ 墙体内外侧热电偶温度

由图 4-3-39 可以看出，墙体 1、2、3、4 点在无太阳辐射的时候是室外温度低于室内温度，有太阳照射后，室外温度逐渐高于室内温度，而且其差值随太阳辐射的强度而变化。窗户上的 5、6 点却是室内温度一直高于室外温度，在有太阳辐射的时候也是差值随太阳辐射程度增大。

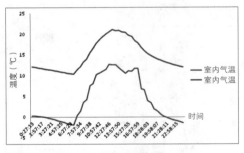

图 4-3-37　一天的室内外温度对比

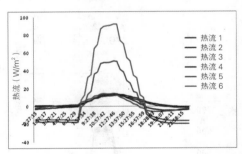

图 4-3-38　一天逐时各点热流

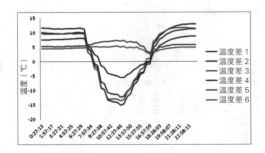

图 4-3-39　一天逐时各点温度差（室内温度减去室外温度）

2）传热系数测试

将室外侧温度设定为 0℃，室内侧温度设定为 20℃，使室内外有稳定的 20℃温差，通过室内外布置的热电偶和热流计片的读数，计算各个点的传热系数（图 4-3-40）。实验持续 24 小时，待读数稳定后再记录各项数据。

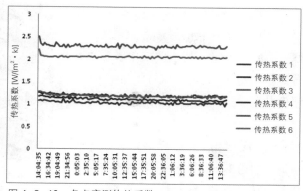

图 4-3-40　各点实测传热系数

（1）基础墙体

根据实验结果，计算所得墙体测点 1 的平均传热热阻为 0.81 (m² · K)/W，其两侧热电偶温差在 13.1 ~ 13.4℃之间稳定浮动，热流在 15.2 ~ 18.0 W/m² 之间稳定浮动。墙体测点 2 的平均传热热阻为 0.68 (m² · K)/W，两侧热电偶温差在 12.7 ~ 13.0℃之间稳定浮动，热流在 18.1 ~ 19.8 W/m² 之间稳定浮动；墙体测点 3 平均传热热阻为 0.69 (m² · K)/W，两侧热电偶温差在 11.7 ~ 11.9℃之间稳定浮动，热流在 16.5 ~ 18.5 W/m² 之间稳定浮动；墙体测点 4 平均传热热阻为 0.75 (m² · K)/W，两侧热电偶温差在 12.6 ~ 12.9℃之间稳定浮动，热流在 16.5 ~ 18.2 W/m² 之间稳定浮动。窗户测点 5 的平均传热热阻为 0.28 (m² · K)/ W，其两侧热电偶温差在 8.9 ~ 9.1℃之间稳定浮动，热流在 30.8 ~ 33.2 W/m² 之间稳定浮动；窗户测点 6 的平均传热热阻为 0.33 (m² · K)/ W，其两侧热电偶温差在 10.5 ~ 10.7℃之间稳定浮动，热流在 31.2 ~ 32.3 W/m² 之间稳定浮动。

再通过导热热阻计算出平均传热系数，结果如表 4-3-8 所示。

表 4-3-8　基础墙体传热系数实测值

时刻	墙体 1	墙体 2	墙体 3	墙体 4	窗户 5	窗户 6
传热热阻	0.81	0.68	0.69	0.75	0.28	0.33
传热系数 W/(m² · K)	1.04	1.20	1.19	1.12	2.30	2.06

（2）外墙加 5 cm 的 XPS 保温板

测试保温材料的导热系数采用的是
TCI 导热系数仪。其主要技术参数为：
导热系数范围 0.04 ～ 100 W/(m² · K)；
温度范围 −50~ 200℃；精度优于 1%；
尺寸（直径）大于 17 mm；厚度大于
1 mm。TCI 导热系数仪采用瞬态平面
热源（TPS）测试方法，主要用于材料
热导率的快速精准测试，适用固体、液

图 4-3-41　TCI 测试材料导热系数

体、粉末、胶体的快速精确非破坏性测试（图 4-3-41）。

将 50 mm 厚 XPS 板粘贴到基础墙体上（图 4-3-42），测试墙体两侧表
面温度和热流强度，实验方法与基础墙体类似，实验数据稳定（表 4-3-9），
此处不再赘述。其计算结果如表 4-3-10 所示。

图 4-3-42　切割 XPS 保温材料并贴上外墙

表 4-3-9　TCI 导热系数仪测试值

#	Sensor	Valid	Effusivity [(W$\sqrt{s}$/(m² · K)]	λ [W/(m · K)]	ΔV (mV)	Ambient (℃)	T_0 (℃)	ΔT (℃)
1	T195	TRUE	37.09	0.041	11.82	13.44	15.06	1.42
2	T195	TRUE	36.17	0.041	11.83	13.44	15.17	1.42
3	T195	TRUE	37.36	0.041	11.83	13.44	15.27	1.42
4	T195	TRUE	37.29	0.041	11.81	13.44	15.38	1.42
5	T195	TRUE	37.63	0.041	11.82	13.44	15.51	1.42

表 4-3-10　保温后实测传热热阻及传热系数

	墙体测点 1	墙体测点 2	墙体测点 3	墙体测点 4
传热热阻 $(m^2 \cdot K)/W$	0.82	0.81	0.94	0.87
传热系数 $W/(m^2 \cdot K)$	1.04	1.04	0.92	0.99

（3）外墙加 100 mm 的 XPS 保温板

实验方法同前，测试结果如表 4-3-11 所示。

表 4-3-11　加 100 mmXPS 保温后实测传热热阻及传热系数

	墙体测点 1	墙体测点 2	墙体测点 3	墙体测点 4
传热热阻 $(m^2 \cdot K)/W$	1.39	1.43	1.89	1.86
传热系数 $W/(m^2 \cdot K)$	0.65	0.63	0.49	0.50

3）室内自由温度测试

（1）气象参数选择

为了与软件模拟一致，此次实验采用 Energyplus 的气象参数。其数据库包括了三种专门为我国提供的气象数据资料：典型年（CTYW）、标准年（CSWD）和 SWERA。在 Energyplus 的模拟过程中使用的是逐时的气象数据，包括了逐时温度、湿度、风速、风向、太阳辐射强度、大气压、海拔高度、地表及地下温度等详细的气象数据，可以真实地反映所在地区的气象参数，对实际的温度、负荷变化可以进行很好的模拟。

实验采用的是典型年气象（Chinese Typical Year Weather）数据，它是开发用于模拟建筑空调负荷和能源的使用，计算和利用可再生能源。天气档案是基于 1982～1997 时期由美国国家气候数据中心的记录数据获得。其原始数据集是由日本筑波大学的教授张晴原和劳伦斯伯克利国家实验室的 Joe Huang 合作开发。CTYW 气象数据的基础数据是基于 15 年的美国国家气候数据中心的记录数据，具有很高的权威性。由于记录时间较长，数据的平滑性较好，排除了天气突变对模拟计算结果的影响。在 Energyplus 提供的 CTYW 天气数据文件包中，包含了 epw 文件、idf 文件和 stat 文件。

使用 Energyplus 模拟出垂直于墙面的太阳辐射量，最后对室外气温和太阳辐射强度进行控制。

（2）外墙不同构造实验结果

在加载相同的气象参数的情况下，分别对三种不同的外墙构造进行实验。实验初始条件相同，即室外侧加载南京最冷的 5 日温度，室内侧控温维持在 5 度左右（此温度根据 4.2 节所述的室内调研情况而定，观察得出在室外气温恶劣的情况下，南京室内温度在不开启空调的时候大概在 5℃），在稳定后关闭室内空调，使其温度自由发展，只受室外温度和太阳辐射的影响。实验时间在 96 小时左右，待实验稳定后，对后三天的稳定数据进行分析。

室外气温平均温度为 –1.8℃，最低为 –5.0℃，最高为 1.2℃；基础墙体室内自由温度平均值为 10.0℃，最低为 6.7℃，最高为 15.1℃；外墙外侧加 5 cmXPS 保温板墙体，室内自由温度平均值为 12.3℃，最低为 8.3℃，最高为 19.0℃；外墙外侧加 10 cmXPS 保温板墙体，室内自由温度平均值为 15.1℃，最低为 10.6℃，最高为 21.8℃（图 4–3–43）。

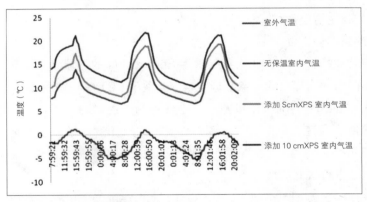

图 4–3–43　不同围护结构室内自由温度

4.3.9　不同屋顶构造热工性能对夏季隔热作用研究

（1）概述

目前在我国多层建筑围护结构中，屋顶所占面积较小，能耗占建筑总能耗的 8%~10%。屋顶作为一种建筑物外围护结构所造成的室内外温差传热耗热量，大于任何一面外墙和地面的耗热量。在炎热的夏季，建筑物的屋顶是所有建筑围护结构中接收到太阳辐射热最强的部位，受太阳直射和大气长波辐射的双重作用，通常水平屋面外表面的空气综合温度可达到 60~80℃，室内气温亦随之增高。因此，提高屋面的隔热性能，对增强其抵抗夏季室外热作用的能力尤其重要，这也是减少空调耗能、改善室内热环境的一个重要措施。在长三角地区，常见的屋面形式有：种植屋面、倒置式屋面和传统的沥青屋面等。通过对这三种屋面隔热构造的实测，以屋面结构层外、内表面温度的最大值、平均值、延迟时间和热流量作为评价指标，分析各种隔热构造的热工性能和其优劣势。

图 4-3-44　不同屋顶隔热构造测试

本次测试对象位于南京东南大学前工院屋顶，为传统的沥青油毡屋面。选取 3.3 m×9 m 大小的平坦屋面分别铺设了 3.6 m² 的草皮和 XPS 板（图 4-3-44），三种隔热构造的做法参数见表 4-3-12。隔热材料与原屋面，结构层外表面之间设置 9 个测点（6 组热电偶和 3 组热流计片），屋顶结构层内表面设 3 个测点和 1 个室内空气温度测点，其具体布置见图 4-3-45。测试时间为 2009 年 7 月 1 日至 8 月 23 日，滤除不良外界气候影响选取 7 月 8—20 日较典型的南京夏季气候进

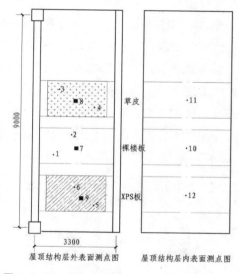

图 4-3-45　测点布置图

表 4-3-12　不同屋顶隔热构造做法

隔热材料名称	裸楼板	草皮	EPS 板
构造做法（从外层向内层依次排列）	50 mm 防水卷材；150 mm 现浇钢筋混凝土屋面结构层；15 mm 混合砂浆顶棚粉刷	10 mm 土层；40~50 mm 草皮薄膜层；10 mm 纸板层；50 mm 防水卷材；150 mm 现浇钢筋混凝土屋面结构层；15 mm 混合砂浆顶棚粉刷	100 mmXPS 保温板；50 mm 防水卷材；150 mm 现浇钢筋混凝土屋面结构层；15 mm 混合砂浆顶棚粉刷

图 4-3-46　室外小型气象站

行分析。测试仪器为 Davis Vantage Pro2 室外小型气象站（图 4-3-46），Agilent 34970A 数据采集仪，多组热流计片和热电偶。

（2）测试结果

从 2009 年 7 月初至 8 月底连续两个月逐时测试，期间偶尔出现下雨天气，排除不良天气的影响，最终选用 7 月 8 日至 20 日的实测数据进行比较分析。图 4-3-47 为三种隔热构造屋面结构层外表面测试温度与室外气象站测得空气综合温度曲线图。（注：三种隔热构造与屋面结构层外表面之间均布置了两个温度测点，取两者平均值进行分析。）从图 4-3-47 可以看出，除去室外综合温度线，裸楼板屋面的外表面温度线位于图表的上端，XPS 板次之，草皮屋面结构层外表面温度曲线位于图下端。即裸楼板屋面结构层外表面温度高于 XPS 板屋面，XPS 板屋面高于草皮屋面。测试期间草皮、XPS 板和裸楼板构造屋面的结构层外表面温度最大值分别为 33.8℃、37.8℃和 41.5℃。计算其平均温度分别为 32.3℃、34.7℃和 38.3℃，草皮和 XPS 板屋面结构层外表面温度比裸楼板屋面平均下降了 6℃和 3.6℃，最大降幅达 7.9℃

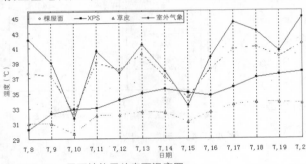

图 4-3-47　屋面结构层外表面温度图

和 7.4℃。草皮屋面和 XPS 板屋面结构层外表面温度两者相比，前者比后者平均低 2.4℃。草皮屋面结构层外表面温度波动最小。

图 4-3-48 表示 7 月 8 日至 20 日三种屋面结构层内表面测试温度与室内空气温度曲线图。它显示出裸楼板屋面结构层内表面温度线位于室内空气温度线之上，XPS 板屋面和草皮屋面结构层内表面温度均位于室内空气温度线下。即裸楼板屋面结构层内表面温度高于室内空气温度，

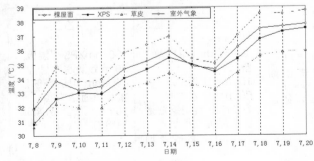

图 4-3-48　屋面结构层内表面温度图

而草皮与 XPS 板屋面则低于室内空气温度。草皮、XPS 板和裸楼板屋面的结构层内表面最大温度值分别为 35.9℃、37.5℃和 38.8℃，计算得其平均温度值分别为 33.6℃、34.6℃和 35.9℃。草皮和 XPS 板屋面结构层内表面温度比裸楼板屋面平均下降 2.3℃、1.3℃，最大降幅为 3℃、2.2℃。草皮屋面结构层内表面温度比 XPS 板屋面低约 1℃。

总观图 4-3-47 和图 4-3-48，裸楼板屋面结构层内、外表面的温度均为三种屋面中最高的，XPS 板屋面次之，草皮屋面最低。草皮屋面结构层内表面温度比外表面温度平均高 1.3℃。XPS 板屋面结构层内、外表面温度比较接近，外表面温度比内表面稍高 0.08℃。裸屋面结构层外表面温度比内表面温度高 2.35℃。从屋面结构层内、外表面温度的降幅可以看出，三种隔热构造屋面的隔热性能为：草皮屋面 > XPS 板屋面 > 裸屋面。草皮隔热屋面的隔热效果非常明显，其屋面结构层内表面温度最低。裸屋面的隔热性能最差，其屋面结构层内表面温度高于室内空气温度，存在向室内继续传热的趋势。

对三种屋面结构层内、外表面温度进行分析之后，进一步选取了 7 月 18 日至 19 日逐时温度测试值进行延迟时间的比较，见图 4-3-49 和图 4-3-50。图 4-3-49 显示裸屋面、草皮屋面结构层外表面温度曲线随室外综合温度变化明显，裸屋面变化更为剧烈，两者变化均比室外综合温度延迟 1~2 小时。XPS 板屋面温度变化较小，48 小时内变化幅度在 2℃之间。图 4-3-50 表明，各屋面结构层内表面温度均比外表面延迟 8 小时左右。

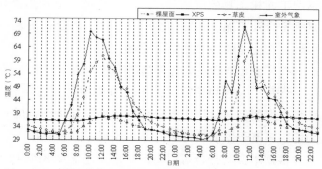

图 4-3-49 屋面结构层外表面温度逐时变化

三组布置于不同隔热构造屋面的热流计片（测点 7，8，9）的测试数据显示不同构造、不同时间段热量流经屋

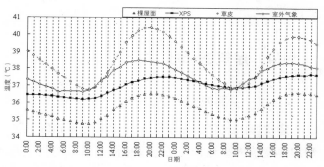

图 4-3-50 屋面结构层内表面温度逐时变化

顶的方向与大小（见图4-3-51）。其正负表示热量流动的方向（外界流入屋顶结构层的为正，屋顶结构层流出的为负）。三种屋面均存在夜间室内散热现象，

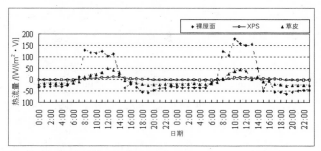

图4-3-51 三种隔热材料逐时热流分布图

其散热程度依次为：裸屋面＞草皮屋面＞XPS板屋面。XPS板屋面热流量基本在0附近波动，结构层内、外表面温度接近，热量流动很小。裸屋面热流变化幅度最大，热量流动分明。草皮屋面热量流动变化幅度在二者之间。此图表明XPS板与草皮构造屋面在白天隔绝室外热量的同时会影响室内热量的散发，这不利于夏季夜间室内热舒适。但是草皮屋面的散热效果优于XPS板屋面。

（3）测试结果分析

根据《民用建筑热工设计规范》（GB 50176—93）规定，在房间自然通风情况下，建筑物的屋顶和东、西外墙的内表面最高温度（$Q_{i，max}$）应小于等于夏季室外计算温度最高值（$t_{e，max}$），即$Q_{i，max} \leq t_{e，max}$。通过测试，上述三种隔热构造屋顶均满足规范要求。

裸屋面会导致室内热舒适范围较大变化，已逐渐被淘汰或改造。

近几年来较为流行用XPS板作隔热层，它导热系数小，蓄热系数也小，是一种良好的保温材料，但将XPS板置于屋面结构层外表面，有影响散热的弊端。如能将其置于屋面结构层内部，效果可能会更好。

根据本实验分析可以得出：草皮屋面比XPS板屋面内、外表面温度分别降低1℃和2.4℃。与XPS板屋面相比，草皮屋面白天隔热好、晚上散热快，热工性能更好。

4.4 建筑遮阳技术

4.4.1 主要遮阳形式及特点

建筑遮阳的目的在于阻断直射阳光透过玻璃进入室内，防止阳光过分照射和加热建筑围护结构，防止直射阳光造成的强烈眩光。外围护结构的透明部分如窗口和不透明部分都需要遮阳。遮阳设施根据安装位置分为外遮阳、内遮阳

和中间遮阳。此外，建筑自遮阳与互遮阳、植物遮阳也是有效的遮阳途径。

外遮阳可以将太阳辐射直接阻挡在室外，遮阳、节能效果好。中间遮阳效果介于外遮阳与内遮阳之间，易于调节，不易被污染、损坏，但造价高、维护成本较高。内遮阳由于遮阳设施吸收的太阳辐射大部分以长波辐射的形式散发在室

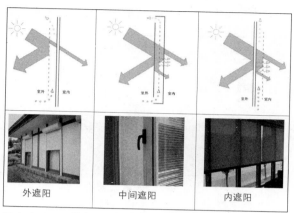

图 4-4-1　三种遮阳形式比较

内，其反射辐射部分又被玻璃再反射入室内，因此遮阳效果远不如室外遮阳。但其不直接暴露在室外，对材料及构造的耐久性要求较低，造价低，便于操作、维护（见图 4-4-1 所示）。

外遮阳又可分为固定遮阳和活动遮阳，其中固定式外遮阳具有遮阳效果明显、耐久性好、造价低廉的优点，同时其可变性差、阻碍自然通风、维护困难、造型需与立面相配合等缺点却制约其应用（表 4-4-1）。而活动遮阳可以根据需要灵活变化、操作方便快捷、不影响立面及观景效果，同时可以遮挡散射光线而逐步成为人们的首选（表 4-4-2）。

表 4-4-1　固定式外遮阳形式及其特点

遮阳形式	遮阳特点	适用朝向	示意图例
水平式遮阳	遮挡高度角较大的、从窗口上方投射下来阳光	适用于南向附近窗口或北回归线以南低纬度地区的北向附近窗口	
垂直式遮阳	遮挡高度角较大的、从窗侧斜射过来的阳光	适用于东北、北和西北向附近窗口	
综合式遮阳	遮挡高度角中等的、从窗前斜射下来的阳光	适用于东南或西南向附近窗口	
挡板式遮阳	遮挡高度角较小的、正射窗口的阳光	适用于东西向附近窗口	

表 4-4-2　活动式外遮阳形式及其特点

遮阳形式	遮阳特点	适用范围	应用案例
百叶帘遮阳	可根据光线变化调整帘片角度，不影响观景	各类低层、多层建筑	
卷帘遮阳	全部展开时有一定隔声作用，影响观景	各类居住建筑	
织物遮阳	帘布沿垂直墙面展开，样式色彩繁多，不影响观景	各类低层、多层建筑	
机翼遮阳	有固定式、可调式，通过不同安装方式实现多种遮阳形式	各类公共建筑	
格栅遮阳	根据不同遮阳要求选择不同开口率的咬扣铝合金叶片的龙骨	各类建筑外遮阳，常用于幕墙	
滑动遮阳	可旋转可平移，可以作为挡板或垂直遮阳板，适宜各个朝向	各类建筑东、西及偏东西方向的南向和北向窗	
遮阳幕纱	主要材料是玻璃纤维，耐火防腐，坚固耐久，保持可见度和采光	有艺术效果要求的各类建筑	

除了遮阳构件外，还可以利用建筑之间和建筑自身的构件来相互产生阴影，达到减少屋顶和墙面得热的目的，即建筑互遮阳与自遮阳。它的特点是没有明显的遮阳构件，例如通过建筑自身的凹凸，窗户部分的缩进，出挑的阳台、檐口等形成阴影遮阳。

植物遮阳是一种有效的、经济美观的遮阳措施。植物既可以通过散射和反射作用将太阳辐射热传回大气中，还能通过蒸腾作用降低周围的空气温度。植物遮阳常用方式有：植被屋顶、高大乔木、攀爬在外围护结构及其构架的藤类植物等。

4.4.2 遮阳对室内热环境及能耗的影响分析

不同气候区、朝向、遮阳系数都会对室内热环境和能耗造成影响，此处选择长三角地区典型代表城市——南京，研究其不同朝向、不同遮阳系数对夏季空调能耗、冬季采暖能耗及全年总能耗情况的影响情况，并确定各朝向最佳遮阳系数。

1）长三角地区遮阳与建筑能耗的关系

长三角地区有着特殊的气候特点，夏季闷热且湿度大，持续时间长，太阳辐射强；冬季湿冷，昼夜温差小，太阳辐射弱。最热月的平均温度在25 ~ 30℃。建筑通过外窗损失的能耗往往占围护结构总能耗的50%左右，约为墙体的4倍。夏季通过窗户进入室内的太阳辐射成为空调能耗的主要来源，因此外窗遮阳系数对建筑能耗的影响很大。遮阳系数越小，建筑越节能，遮阳节能潜力越大。

2）不同朝向的遮阳系数对能耗的影响

计算模型首先通过 sketch up 建立一个平面为 4.5 m×4.5 m、高为 3 m 的房间，在其中一面（初始为南面）开窗，窗户居中，尺寸为 1.5 m×1.5 m，窗下沿高度为 0.9 m 的分析模型（天花板、地板以及三面未开窗的墙壁均为绝热，开窗一侧墙面和窗户参照标准参数，采暖制冷参数均参照默认设置并采用南京市气象参数），最后导入 Energyplus 模拟计算，主要变量是窗户的遮阳系数，通过设定 SHGC（太阳能总投射比/得热系数）来实现，最终得到的能耗数据反映的是遮阳系数对全年能耗的影响。

使用 Energyplus 计算不同朝向（东、南、西、北）、不同遮阳系数（0、0.2、0.4、0.6、0.8、1）的冬夏季采暖与空调能耗，得出表 4-4-3，并生成折线图，如图 4-4-2、图 4-4-3。

表 4-4-3 不同朝向的遮阳系数对空调、采暖能耗的影响

单位：GJ

遮阳系数 朝向	0		0.2		0.4		0.6		0.8		1	
	空调	采暖	空调	采暖	空调	采暖	空调	采暖	空调	采暖	空调	采暖
南	0.30	5.44	0.54	3.21	0.83	1.89	1.40	0.83	2.47	0.34	3.47	0.20
西	0.42	5.89	0.94	4.37	1.46	3.44	2.22	2.45	3.23	1.53	4.08	0.99
北	0.25	6.92	0.42	6.17	0.59	5.63	0.82	5.02	1.17	4.37	1.47	3.91
东	0.29	6.63	0.53	5.70	0.76	5.07	1.11	4.34	1.61	3.57	2.03	3.08

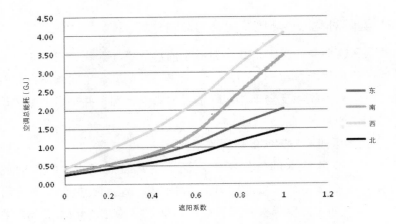

图 4-4-2　不同朝向的遮阳系数对空调能耗的影响

　　由以上分析可知随着遮阳系数的增大，各朝向空调能耗增大，以西向最显著，其次为南向。

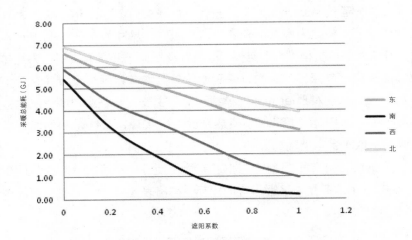

图 4-4-3　不同朝向的遮阳系数对采暖能耗的影响

　　由以上分析可知随遮阳系数的增大，各朝向采暖能耗减小，以南向最为显著，其次为西向。

　　使用 Energyplus 计算不同朝向（东、南、西、北）、不同遮阳系数（0、0.2、0.4、0.6、0.8、1）的全年总能耗，得出表 4-4-4，并生成折线图（图 4-4-4）。

　　由图 4-4-4 上分析可知南向窗和西向窗最佳遮阳系数均为 0.6 左右，北向窗和东向窗最佳遮阳系数均为 1 左右。

表 4-4-4   不同朝向、不同遮阳系数的全年总能耗

单位：GJ

朝向 \ 遮阳系数	0	0.2	0.4	0.6	0.8	1
南	5.74	3.75	2.72	2.23	2.81	3.67
西	6.31	5.31	4.9	4.67	4.76	5.07
北	7.17	6.59	6.22	5.84	5.54	5.38
东	6.92	6.23	5.83	5.45	5.18	5.11

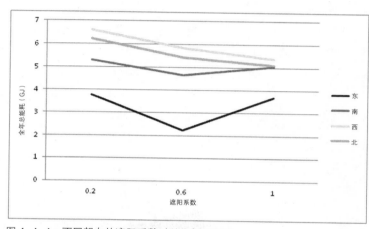

图 4-4-4   不同朝向的遮阳系数对总能耗的影响

4.4.3   不同朝向窗的遮阳形式效果分析

对于不同朝向窗的遮阳形式研究以水平式、挡板式分别在南向、西向窗的应用为例，分析实际的夏季和冬季添加遮阳后的太阳辐射透过量并进行比较分析来确定最佳遮阳尺寸。

（1）西向挡板式最佳遮阳尺寸

定义西向遮阳挡板宽度为 D，长度为 H，出挑为 $L=500\,mm$（如图 4-4-5）。规定大暑日阳光直射西立面的时段 14:00 ~ 18:00 时遮阳系数为 0，以保证整个夏季的遮阳效果。

使用 ECOTECT 模拟分析遮阳后受构

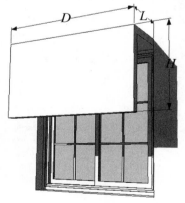

图 4-4-5   西向挡板式遮阳尺寸示意

件尺寸影响的夏季太阳辐射与冬季太阳辐射的差值，如表 4-4-5，并得出三维图表（图 4-4-6），在满足遮阳实际尺寸的经济合理的前提下尽量取三维曲面最低点即差值最小点的构件尺寸作为最优尺寸。

由以上分析可知西向挡板式最佳遮阳尺寸为 $L = 500\,mm$，$D = 1700\,mm$，$H = 1200\,mm$。对应的夏季遮阳系数为 0.24，冬季遮阳系数为 0.42。

表 4-4-5 西立面挡板式夏季与冬季太阳辐射差值

单位：Wh

尺寸 (mm)	$D = 2500$	$D = 2300$	$D = 2100$	$D = 1900$	$D = 1700$	$D = 1500$
$H = 1500$	10606	8209	6255	4575	4393	7881
$H = 1200$	10973	8610	6697	5080	4930	8398
$H = 900$	14221	12038	10324	8947	8988	12385
$H = 600$	21077	19301	17936	16943	17267	20533
$H = 300$	30401	29094	28110	27580	28198	31277
$H = 0$	44879	44089	43484	43268	43940	46497

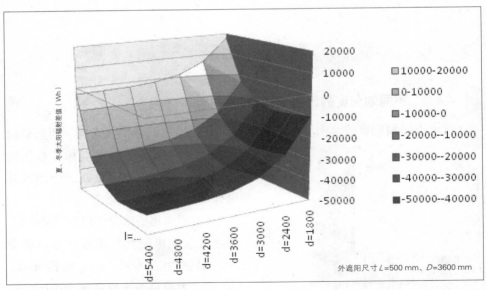

图 4-4-6 西向挡板式最佳遮阳尺寸分析

（2）南向水平式最佳遮阳尺寸

定义南向遮阳挡板宽度为 D，出挑为 L（如图 4-4-7）。规定大暑日阳光直射南立面的时段 10:00 ~ 14:00 时遮阳系数为 0，以保证整个夏季的遮阳效果。

使用 ECOTECT 模拟分析遮阳后受构件尺寸影响的夏季太阳辐射与冬季太阳辐射的差值，如表 4-4-6，并得出三维图表（图 4-4-8），在满足遮阳实际尺寸的经济合理的前提下尽量取三维曲面最低点即差值最小点的构件尺寸作为最优尺寸。

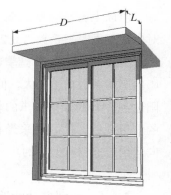

图 4-4-7 南向水平式遮阳尺寸示意图

表 4-4-6 南立面水平式夏季与冬季太阳辐射差值

单位：Wh

尺寸 (mm)	L=700	L=600	L=500	L=400	L=300	L=200
D=5400	−41197	−42927	−43811	−40169	−30279	−2958
D=4800	−40734	−42470	−43368	−39754	−29918	−2738
D=4200	−39909	−41649	−42556	−39012	−29253	−2358
D=3600	−38127	−39818	−40763	−37401	−27776	−1364
D=3000	−34166	−35840	−36856	−33735	−24335	1171
D=2400	−26016	−27726	−28806	−26162	−17418	6688
D=1800	−9710	−11417	−12509	−10502	−3219	17647

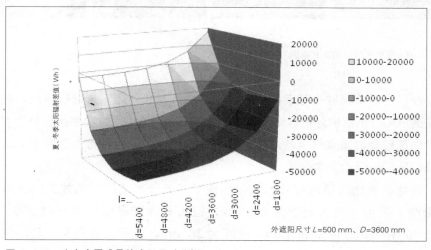

图 4-4-8 南向水平式最佳遮阳尺寸分析

由以上分析可知南向水平式最佳遮阳尺寸为 $L=500$ mm，$D=3\,600$ mm，对应的夏季遮阳系数为 0.25，冬季遮阳系数为 0.69。

一般活动式卷帘夏季遮阳系数为 0.3 左右，通过以上分析发现与固定式遮阳的遮阳系数相差不大，但冬季可以接近 1，远远大于固定式遮阳，且固定式遮阳达到较好的效果要求的构件尺寸较大，且不能灵活操作，影响立面效果及人的观景视线，同时对采光和通风也有一定影响，因此活动式遮阳在东、西、南向运用是非常有必要的。

4.4.4　新型多功能遮阳形式

近年来多种新型遮阳形式应用渐多（图 4-4-9），这些新型遮阳形式往往具有传统遮阳不具有的优势：不影响自然通风、采光及观景、集成主动式太阳能设备等，它们大多由中央智能控制系统自动控制，户外遮阳系统的叶片根据阳光的轨迹自动调节。如采光与遮阳一体式遮阳 [图 4-4-9（a）]，可自然通风的百叶式外遮阳 [图 4-4-9（b）]，可调节式半透明遮阳板 [图 4-4-9（c）]，集成太阳能电池板的遮阳百叶 [图 4-4-9（d）] 等。

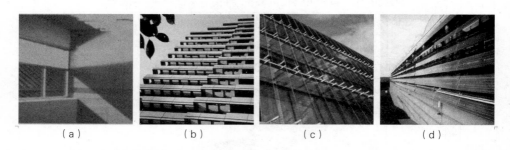

（a）　　　　　　　（b）　　　　　　　（c）　　　　　　　（d）

图 4-4-9　多种新型遮阳形式案例

我们针对金都城市芯宇的可自然通风的百叶式外遮阳来进行研究，具体形式是通过阳台出挑的外栏板向下延伸作为固定式遮阳，出挑的水平板处为百叶，不对温度较高的垂直气流造成影响，而垂直挡板下部也设置为百叶形式，既不影响观景又不阻挡正向来风。

具体研究比较顶部百叶形式和挡板下部百叶形式的遮阳效果以及对采光的影响（采用全云天照度为 5\,000 lx，挡板式遮阳最佳尺寸 $H=1\,200$ mm、$D=1\,700$ mm，百叶宽 30 mm，间距为 30 mm，夏季为 6 月至 8 月，冬季为 12 月至 2 月），分析结果如表 4-4-7。

表 4-4-7　新型可通风遮阳形式效果及对室内采光的影响

新型遮阳形式	季节	遮阳后太阳辐射量（KWh）	遮阳与无遮阳辐射量百分率（%）	夏季与冬季太阳辐射量差值（KWh）	遮阳效果分析图示	采光系数及其分析图示
顶部百叶	夏季	179. 830	61	115. 044		2.14%
	冬季	64. 786	40			
下部百叶	夏季	104. 516	36	36. 268		2.15%
	冬季	68. 248	42			

由以上分析可知挡板下部百叶形式的遮阳效果较好，对采光的影响也较小，但上部百叶可以避免上升的热气流进入室内，具有独特优势。对比尺寸相近的南向挡板式遮阳（H=1 200 mm，D=1 700 mm，L=500 mm）和南向水平式遮阳（D=1 800 mm，L=500 mm）来看，在夏季，南向挡板式比水平式的遮阳效果好，但综合全年来看效果却不如水平式遮阳，因为前者在冬季遮挡了过多的有益太阳辐射，实际中应综合考虑来进行使用。

4.4.5　最优阳台进深研究

对于阳台进深的最佳尺寸研究，分析不同进深时实际的夏季和冬季的太阳辐射透过量并进行比较分析来确定最佳进深。

定义上层阳台出挑为 L，根据实际阳台尺寸设定 L=1 200 ~ 3 000 mm 之间，每 300 mm 为一个研究对象，共 7 个研究对象，使用 ECOTECT 模拟分析外墙面夏季太阳辐射与冬季太阳辐射的差值，如表 4-4-8，并得出折线图（图 4-4-10）。

在满足实际尺寸的前提下尽量取最低点即差值最小点的进深作为最优进深。

表 4-4-8   不同阳台进深外墙面夏季与冬季太阳辐射差值

单位：Wh

尺寸 (mm)	D=3000	D=2700	D=2400	D=2100	D=1800	D=1500	D=1200
夏季太阳辐射	242919	243272	244195	244391	245128	246968	250514
冬季太阳辐射	122078	124988	128773	132319	136799	141952	146602
差值	120841	118284	115422	112072	108329	105016	103912

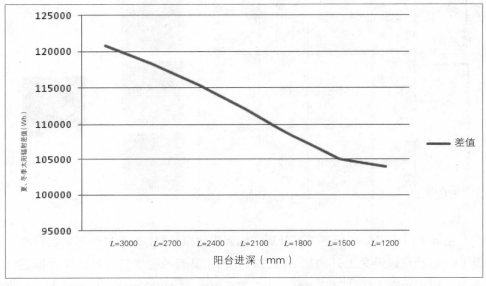

图 4-4-10   最佳阳台进深尺寸分析

结论：最佳阳台进深尺寸 L 为 1200 ～ 1500 mm 之间。

4.4.6   活动式遮阳产品及应用

1）活动式遮阳产品及应用案例

活动式遮阳的产品种类繁多，多为百叶、遮阳篷等形式，由中央智能控制系统自动控制，具体应用案例以商业、办公、住宅等建筑种类为主（表 4-4-9 ）。

表 4-4-9　活动式遮阳应用案例

项目名称	项目效果	遮阳效果	遮阳特点
上海保利广场			穿孔遮阳百叶形式，中央智能控制系统自动控制
上海博世中国新总部大楼			采用卷边叶片及侧导轨向外遮阳系统及中央智能控制系统自动控制
杭州西湖文化广场			光感应智能遮阳百叶装置安装系统
宁波图书馆			遮阳顶棚形式
上海汤臣高尔夫别墅			曲臂篷，用于别墅的织物遮阳形式
南京紫峰大厦			穿孔遮阳百叶形式，中央智能控制系统自动控制

　　可变外遮阳的技术成本相对高昂，仅使用于少数高端楼盘中，这一问题短期内难以得到很大改观。立足这一现实，比较可行的方式是政府进一步增强政策引导，比如《绿色建筑评价标准》适当增加可变外遮阳一项的评分，出台激励性政策鼓励遮阳市场发展等，通过长效的引导机制促进可变外遮阳的推广运用。可以预见的是，市场规模的更大化会导致生产成本的降低，反过来进一步促进可变外遮阳技术的普及。

　　固定遮阳成本相对低廉，但住宅建筑的空间需求特殊，使其并不能像在公共建筑中那样得到自由运用。由于缺乏可变性和充足的技术验证，实际应用效果并不能得到保证，进一步削弱了住宅开发商的投入积极性，实际运用尚不及可变外遮阳多。因此要改善这一问题，首先需要经过模拟验证，寻求构件尺寸在夏季遮阳与冬季受光间的平衡，达到最佳的综合节能效果。其次，在设计中应尽可能减少单纯的遮阳构件，努力集合挑檐、阳台、空调板等功能性构件实现复合遮阳。

2）活动式遮阳在长三角地区的运用调查及问题研究

长三角地区作为夏热冬冷气候区，遮阳在夏季的必要性毋庸赘述。由于存在对防热与采暖的双重需求，本地区的住宅项目对遮阳形式提出了更高要求，可变外遮阳由于具有季节适应性，成为遮阳的理想形式选择。但实际调研发现，本地区住区项目中仍以传统的卷帘内遮阳为主，运用可变外遮阳等遮阳技术的住区所占比例很小。

通过比较可以发现：社区定位层面，主要存在于南京朗诗国际街区、万科金色家园，无锡朗诗未来之家、山语银城，上海朗诗绿色街区等少数高端楼盘，中低端楼盘中未发现有应用。技术应用层面，整体来看，本地区住宅项目中尚缺乏对遮阳技术的运用，在运用遮阳技术的项目中，缺少固定遮阳的形式，并且未考虑活动遮阳与固定遮阳的搭配使用。

这些现象反映出外窗遮阳应用的主要障碍是成本问题。相对地源热泵系统、太阳能光伏系统等主动技术而言，遮阳构件本身的技术并不复杂，成本的可控空间也较大，但由于其应用的大量性，总体成本较高。

4.4.7　分段可控式外遮阳技术

研究表明：外遮阳对于建筑节能有重大意义。外遮阳百叶全闭合状态可降低约 90% 的窗户传热。半开防眩光状态亦可以降低约 70% 的窗户传热。窗户外遮阳百叶，有很大的节能意义，有很好的市场前景。但百叶的使用会影响室内自然采光的效率，可能增加建筑照明负荷，因此需要遮阳与采光达到很好的平衡。

目前，已存在有固定式外遮阳百叶，即将传统内置可调角度百叶外置，做外遮阳百叶使用；还有将百叶与窗户集成，将百叶至于双层玻璃之中，夹层百叶；等等。这些方式各有其弊端。固定外遮阳百叶，不能根据季节、天气情况调节角度，最大限度遮掩或利用自然采光。另外固定外遮阳百叶多用木材，耐久年限较短且更换困难。现有的传统外置可调百叶外遮阳百叶，由于构造原理局限，其强度、抗风能力有限，不易更换、清洗，且对整体调整角度，不能很好解决遮阳和采光的矛盾。夹层百叶，造价高，不易维修，且效果不及外遮阳百叶，工程适应性较弱。

（1）设计介绍

基于此前研究成果，设计新型分段可控式外遮阳装置，其利用机械手段，使百叶实现分段可控。可以根据要求逐个由下至上关闭百叶，实现完全遮阳，利用上部开启的百叶调整合适角度，实现采光要求。实现手段是：利用双电机，分别实现百叶的角度控制和关闭控制，如图4-4-11。该实用新型优势在于：首先，实现了外遮阳百叶对遮阳和采光的分离控制，实现遮阳的同时最大限度利用了自然采光。其次，百叶片和固定件的相对独立，可实现百叶片的标准化生产，工程适应性强。

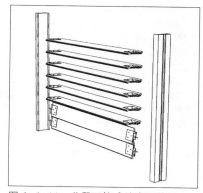

图4-4-11　分段可控式外遮阳装置

（2）模拟分析

在建筑物理学中，我们知道，开窗的高度对室内光环境的均匀性影响明显，相对较高的开窗更有利于室内光环境的均匀性。研究表明，对于一面较大的开窗，其下部对于室内的窗户得热要明显高于上部。对此我们做了相应的软件分析，以支持我们的设计。

建立这样一个5m×3m×3m的房间，一面开了1.8m×2m的窗户，设置不同状态的外遮阳百叶，通过ECOTECT软件对其室内采光进行分析。模拟的三种情况分别是：①百叶全开；②百叶半开半闭，开启的百叶角度为0°；③百叶半开半闭，开启部分百叶角度为45°，如图4-4-12上半部所示，得出如图4-4-12

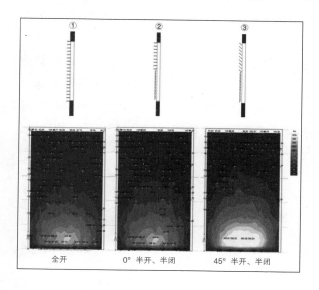

全开　　　0°半开、半闭　　　45°半开、半闭

图4-4-12　室内照度分布云图

下半部的室内照度分布云图。明显看出在模拟时刻（设置为夏至日中午）三种情况室内照度都能很好满足工作需要，全开时候的云图看出，在窗户下部形成了明显的眩光区，并不是最好的采光状态。

同时我们对此模型应用 Energyplus 进行能耗分析，得出如图 4-4-13 的能耗对比，明显看出半开半闭时室内空调冷负荷明显低于全开状态。

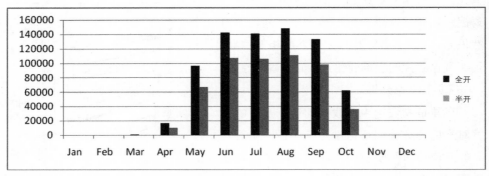

图 4-4-13　外遮阳装置不同开启状态下的室内能耗分析

这在理论上支持了我们的设计构想。

在此基础之上为了更方便使用，更人性化，加入了自动控制机构，根据一天中不同太阳高度角，自动调整百叶角度，实现最大限度采光。同时可以根据用户的自身需求，关闭下部百叶，实现更好的节能。

（3）特点及应用前景

该设计的特点在于对百叶片分段控制，满足室内采光要求，同时最大限度降低太阳辐射产生的冷负荷。

对较传统的外遮阳形式而言，本装置利用竹、木等材料做百叶片，结构强度较好，可以较好地抵抗风压，并且绿色环保，成本较低。采用可拆卸式百叶片，易于修整和更换。百叶各构件可独立进行标准化生产，根据工程实际情况进行装配，降低成本，同时提高效率。工程适应性较好，既可以运用于新建建筑，也可以运用于现有建筑的改造。

5 绿色技术适宜度评价体系

长江三角洲地区作为我国经济发展的发达区域，绿色技术在本地住宅产业中的应用发展迅猛，以万科、绿城为代表的地产大鳄和以朗诗、银城为代表的中小型创新地产企业，在本区域建设了为数众多的经典绿色住区项目。这些项目尤以上海、苏州、南京、无锡、杭州最为集中，其中的一些代表项目如南京聚福园、无锡山语银城等已在当地起到示范带头作用，显现出绿色生活的非凡魅力。

另一方面，绿色住区在国内的发展过程较短，还远未达到尽善尽美的成熟阶段。实际调查中已经发现，由于某些技术并未体现出地域差异性等原因，绿色住区的实际运营中存在着方方面面的问题。因此立足本地区的气候、经济和社会条件，开展绿色建筑技术的适宜度研究，对推进绿色住区的理性发展具有十分现实的意义。而对于具体的绿色技术点而言，要进一步提高其实际应用效果，如何评价其适宜性是关键。从国内相关领域的研究来看，要较严密地实现对技术适宜性的定性，需要建立一个适宜度评价体系。

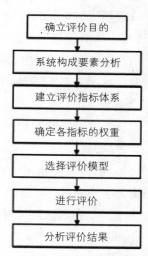

图 5-1 一般综合评价问题的流程图

评价体系建立的基本思路是确定评价对象，构建评价指标，指标评价，最终划分成不同级别。绿色技术适宜度评价体系要体现其应用价值，就必须覆盖不同种类、不同尺度、不同生态特性的典型技术点，体现出普适性。因此，其基本套路理应确立为：根据《绿色建筑评价标准》和实际调研筛选评价技术点→根据最大普适性的原则确定评价指标体系→确定各指标权重，建立评分表格

→专家评判，根据多样本统计法得到评估结果。

5.1 评价技术点的筛选

5.1.1 绿标中的绿色技术点

《绿色建筑评价标准》（简称"绿标"）从节能、节地、节水、节材等不同角度提出了相应的评价条款，是国内目前最全面的绿色建筑评价体系。根据绿标中各章节的评价条款，提取出相关的绿色技术点，可以作为适宜度评价的基本范畴。绿标中的条款涉及策划、设计、施工、管理等不同阶段，更涉及规划设计、建筑设计与构造、电气设备、土木结构、环境工程等多个学科方向，为了缩小研究范围，主要从指导规划设计、建筑设计与构造的角度，对绿标的相关技术点作进行选取。

（1）节地

控制项：乡土植物。

一般项：降噪设计，含隔声绿化带、隔声门窗等；采取措施控制热岛效应（低于1.5℃）/计算机模拟降热岛；采取措施营造有利的室外风环境（冬季距地1.5 m高处风速 v<5 m/s）；乔、灌、草复层绿化，且100 m² 绿地上不少于3株乔木；选址及住区出入口利于使用公共交通，出入口距公交站点小于500 m；透水地面不少于45%。

优选项：地下空间利用。

（2）节能

一般项：外窗外遮阳设施，通风、日照模拟及优化；节能灯具；能量回收装置；通过太阳能热水器、地源热泵等技术利用可再生资源，并占总能源的5%以上。

优选项：通过太阳能热水器、地源热泵等技术利用可再生资源，并占总能源的10%以上。

（3）节水

控制项：节水器具；采用雨水、再生水作为景观用水。

一般项：采用雨水、再生水作为绿化、洗车用水；滴灌或喷灌；确定雨水集蓄及利用方案：设计雨水调节池，优先利用景观水体（池）调蓄雨水，或者人工湿地、土壤渗滤、植被浅沟等生态化措施。

（4）节材

控制项：建筑装饰简约。

一般项：施工环节的技术不受控制；主要建筑材料在 500 km 内；预拌混凝土；高强度混凝土、高强度钢；可再循环材料，使用重量占所用建筑材料总重量的 10% 以上；土建装修一体化施工；使用以废弃物为原料生产的建筑材料，其用量占同类建筑材料的比例不低于 30%。

优选项：采用资源消耗和环境影响小的建筑结构体系，主要包括钢结构体系、砌体结构体系及木结构、预制混凝土结构体系；可再利用建筑材料的使用率大于 5%，包括砌块、砖石、管道、板材、木地板、木制品（门窗）、钢材、钢筋、部分装饰材料等。

（5）室内环境

控制项：建筑围护结构隔声降噪措施。

一般项：设置通风换气装置或室内空气质量监测装置；采用可调节外遮阳装置。

优选项：卧室、起居室（厅）使用蓄能、调湿或改善室内空气质量的功能材料。

5.1.2　长三角地区住区中绿色技术应用统计

通过大量的实地调研，来掌握绿色技术在长三角地区绿色示范住区中的实际应用情况，有助于和绿标进行横向对比研究，从而发现技术应用中存在的适宜性问题。在对所调研的 29 个典型个案进行统计后，总结出以下 20 个左右比较有代表性的绿色技术点，其应用普及率分别如下：

1. 断热铝合金窗 LOW-E 中空玻璃——27/29

2. XPS 挤塑聚苯板外墙、屋面保温——21/29

3. 透水铺装——19/29

4. 雨水收集——17/29

5. 阳光车库——15/29

6. 架空层——13/29

7. 外窗外遮阳——14/29（集中于朗诗）

8. 太阳能集热板 / 光电板（一体化设计）——12/29

9. 旧物再利用、再循环材料建材——10/29

10. 钢结构、无梁楼板等先进结构体系——8/29

11. 隔声门窗——10/29（集中于朗诗、万科）

12. 地源热泵系统——5/29（集中于朗诗）

13. 中水回用——5/29

14. 同层排水——4/29

15. 节能电梯——5/29

16. 立体绿化——6/29

17. 屋顶遮阳——6/29

18. 下沉庭院——4/29

19. 室内高效收纳体系——4/29

20. 机械立体停车——1/29

应用普及率统计结果表现出，不同绿色技术的应用量差距是相当明显的，这直接反映了技术适宜性问题在绿色住区设计中的重要性。区位、类型、规模、定位的不同，都会造成技术应用状况的差异，下面选取无锡、上海、南京三个长三角地区的典型城市，展示绿色示范住区中的绿色技术应用情况。

无锡万达广场 C、D 区住宅

绿色等级：★；建成年代：2010；规模：537 893 m²，容积率为 3；类型：高层 + 小高层；售价：18 000 元 /m²（本地较高）。

所用技术：室内风、光、热环境模拟技术 / 底层架空 / 高强度挤塑聚苯板(XPS)做外墙 / 屋面保温 / 低噪节能的无齿轮小机房电梯 / 雨水回收及利用景观水池储水 / 断热铝合金窗 LOW-E 中空玻璃 / 围合式布局动静分隔 / 平开窗 / 可选预制装修 / 透水铺装 / 外窗外遮阳 / 屋顶遮阳 / 太阳能热水器。

无锡朗诗未来之家：

绿色等级：无；建成年代：2011；规模：150 000 m²，容积率为 2.5；类型：小高层；售价：17 000 元 /m²（本地较高）。

所用技术：地源热泵系统 / 新风置换系统 / 窗、墙、楼板全面消音设计 / 断热铝合金窗 LOW-E 中空玻璃 / 可调控式铝合金卷帘 / 混凝土顶棚辐射制冷制热系统 / 同层后排水系统 / 高强度挤塑聚苯板（XPS）做外墙、屋面保温 / 电梯厅保温设计 / 方正形体，维持较小体形系数 / 可选预制装修 / 底层架空 / 下沉庭院做篮球场。

无锡新世纪花园

绿色等级：国家康居示范工程；建成年代：2001；规模：110 000 m²，容积率为 1.9；类型：小高层 + 多层；售价：10 000 元 /m²（本地适中）。

所用技术：车库屋顶做立体绿化 / 透水铺装 / 可选预制装修 / 厨房、卫生间进行整体装潢 / 短肢剪力墙、轻质隔墙 / 外墙 ALC 蒸压轻质加气混凝土 / 隔墙全

部采用粉煤灰砌块 / 当地产 SY 型节能保温隔热覆面材料 / 中空玻璃 / 屋面、坡屋顶内侧面、退台平台和外墙均抹成品保温砂浆 / 先进施工技术 / 内外双环，人车分流 / 居室全明设计 / 底层架空 / 塑钢门窗 / 利用热电厂废汽加热水 / 根据地质采用天然地基 / 节能灯具和光控和红外声控开关 / 环保装修材料。

无锡山语银城：

绿色等级：江苏省绿色建筑创新奖；建成年代：2009；规模：247 000 m²，容积率为 1.4；类型：小高层 + 多层；售价：10 000 元 /m²（本地适中）。

所用技术：底层架空 / 外窗外遮阳 / 透水铺装 / 欧文斯科宁外墙外保温技术 / 倒置式 XPS 隔热保温系统 / 计算机模拟通风、日照分析 / 有意识以绿化降热岛效应 / 区域整体风环境的营造 / 空间走廊对惠山的连接 / 断热铝合金窗中空玻璃 / 分户太阳能热水系统和建筑一体化 / 钢筋混凝土剪力墙和框架系统 / 雨水回收及利用景观水池储水 / 保留原生态植被 / 四周设置过渡林带遮灰降噪 / 种植乡土、利于鸟类生存的植物 / 根据不同方位设置植物 / 大面积地下空间（人防 + 车库）/ 预应力大跨高强钢筋混凝土厚板 / 可选预制装修。

上海朗诗绿色街区：

绿色等级：★★★；建成年代：预计 2012 年底建成；规模：85 668 m²，容积率为 1.8；类型：小高层 + 多层；售价：25 000 元 /m²（本地较高）。

所用技术：聚苯乙烯外墙保温 / 挤塑板屋顶地面保温系统 / 顶棚辐射采暖系统 / 地源热泵系统 / 铝合金外遮阳卷帘 / 断热铝合金窗 LOW-E 中空玻璃 / 围合式布局动静分隔 / 地下车库采光 / 土建装修一体化施工 / 新风置换 / 外墙、窗、楼板隔音降噪措施 / 统一中央吸尘排污系统 / 同层排水 / 节水器具 / 生态水池 / 方正形体，维持较小体形系数。

中大九里德三期

绿色等级：上海市绿色建筑创新奖；建成年代：2012；规模：230 000 m²，容积率为 0.9；类型：小高层 + 别墅；售价：18 000 元 / m²（本地较低）。

所用技术：保留原有树木 / 人工水系 / 阳光地下室、下沉庭院 / 断热铝合金窗 LOW-E 中空玻璃 / 地下车库采用无梁楼盖 / 断热铝合金窗 LOW-E 中空玻璃 / 植草砖停车位、透水路面 / 欧文斯科宁 XPS 外墙、屋面保温 / 地下车库阳光楼梯间 / 方正形体，维持较小体形系数。

上海万科朗润园

绿色等级：★★；建成年代：2006；规模：128 000 m²，容积率为1.28；类型：小高层＋别墅；售价：23 000元/m²（本地适中）。

所用技术：人工水系、生态湿地/架空层/断热铝合金窗LOW-E中空玻璃/中水回用、分质供水/雨水回收利用/自平衡通风系统/屋顶绿化、垂直绿化/透水路面/欧文斯科宁XPS外墙、屋面保温/通力无机房电梯/隔音门窗、绿篱、空调减震措施/旧砖瓦回收利用/无梁楼盖、预应力楼板/土建装修一体化施工/工业化预制生产/节水器具、节能灯具（太阳能灯具）/太阳能热水系统/垃圾压缩处理、生化处理。

上海万科城花新园

绿色等级：★★★；建成年代：2012；规模：420 000 m²，容积率为1.22；类型：小高层＋多层；售价：28 000元/m²（本地较高）。

所用技术：断热铝合金窗LOW-E中空玻璃/屋顶绿化/中水回用/雨水回收利用、生态湿地/中水回用、分质供水/自平衡通风系统/透水路面/欧文斯科宁XPS外墙、屋面保温/通力无机房电梯、电梯隔音井/隔音门窗、绿篱、空调减震措施/浮筑楼板/节水器具、节能灯具（车库光导照明）/无梁楼盖、预应力楼板/土建装修一体化施工/工业化预制生产/隔音门窗、绿篱、浮筑楼板/太阳能热水系统/智能家居系统、高效收纳体系/垃圾压缩处理、生化处理。

上海绿地逸湾苑

绿色等级：★；建成年代：2012；规模：110 000 m²，容积率为0.4；类型：高层＋别墅；售价：25 000元/m²（本地较高）。

所用技术：欧文斯科宁挤塑聚苯板外墙、屋面保温/雨水收集/中水回用/断热铝合金窗LOW-E中空玻璃/透水铺装/双层机械停车/节能灯具/地下车库阳光楼梯间。

上海碧海金沙嘉苑一期

绿色等级：上海一级生态小区；建成年代：2006；规模：31 000 m²，容积率为0.58；类型：别墅；售价：10 000元/m²（属奉贤沿海郊区，本地适中）。

所用技术：钢结构系统＋轻型基础/EPS外墙保温和XPS屋面保温系统/太阳能光热、光电利用/断热铝合金窗LOW-E中空玻璃/粉煤灰砌块墙体/雨水回收利用/新风系统/同层排水/分质供水/透水铺装。

南京朗诗国际街区

绿色等级：★★★；建成年代：2006；规模：280 000 m²，容积率为1.8；

类型：高层＋多层；售价：24 000 元 /m²（本地较高）。

所用技术：聚苯乙烯外墙保温 / 挤塑板屋顶地面保温系统 / 顶棚辐射采暖系统 / 地源热泵系统 / 铝合金外遮阳卷帘 / 断热铝合金窗 LOW-E 中空玻璃 / 围合式布局动静分隔 / 地下车库采光 / 预制装修 / 方正形体，维持较小体形系数 / 局部架空做儿童游乐 / 外墙、窗、楼板隔音降噪措施 / 统一中央吸尘排污系统 / 同层排水。

南京和府奥园

绿色等级：无；建成年代：2012；规模：106 872 m²，容积率为 2.7；类型：高层＋小高层；售价：23 000 元 /m²（本地较高）。

所用技术：架空层 / 地源热泵系统 / 新风置换系统 / 断热铝合金窗 LOW-E 中空玻璃 / 可调控式铝合金卷帘 / 方正形体，维持较小体形系数 / 预制装修 / 高强度挤塑聚苯板（XPS）做外墙、屋面保温 / 屋顶遮阳。

南京西堤国际

绿色等级：★★；建成年代：2008；规模：692 200 m²，容积率为 2.2；类型：小高层；售价：20 000 元 /m²（本地适中）。

所用技术：架空层 / 厨房、卫生间进行整体装潢 / 断热铝合金窗 LOW-E 中空玻璃 / 阳光车库 / 雨水回收利用系统 /IA 型射流辅助节能供水系统 / 欧文斯科宁挤塑聚苯板外墙、屋面保温 / 外墙采用粉煤灰加气混凝土砌块及相配套的专用砂浆自保温体系。

南京聚福园

绿色等级：全国第一批建筑节能试点示范工程、全国绿色建筑创新奖；建成年代：2003；规模：150 000 m²，容积率为 1.22；类型：高层＋小高层；售价：22 000 元 /m²（本地较高）。

所用技术：外墙外保温 / 全玻落地封闭可开启阳台 / 雨水回收利用 / 中水回用 / 太阳能热水器与建筑一体化设计 / 页岩模数化节能砖砌体 / 注塑铝合金中空玻璃窗 / 风环境考量的规划设计 / 超标准体形系数 / 透水铺装 / 外墙外保温和承重墙体施工一体化 / 节能照明 / 小机房节能电梯 / 半地下地下车库。

南京银城东苑

绿色等级：无；建成年代：2005；规模：500 000 m²，容积率为 1.6；类型：高层＋小高层；售价：21 000 元 /m²（本地适中）。

所用技术：欧文斯科宁挤塑聚苯板外墙、屋面保温 / 雨水收集 / 高强度挤塑聚苯板（XPS）做外墙、屋面保温 / 中水回用 / 断热铝合金窗 LOW-E 中空玻璃 /

基础采用高强薄壁静压管桩系统。

5.1.3 评价绿色技术点的确定

对比绿标条款中所涉及和实际中所运用的绿色技术项，可以发现绿色技术项体现出四种倾向性：①本土植物、透水铺装、雨水收集等技术项得到较为广泛的应用，使用情况也相对良好；②架空层、阳光车库等技术项得到比较广泛的应用，但使用情况存在各种问题，未发挥出技术项的最佳效能；③地源热泵技术、机械停车等绿色技术项，虽然低碳意义巨大，但因经济性等原因暂时应用较少；④中水回用技术等绿色技术项，用户感受度和经济性均较差，所以应用较少。

经过比较和甄选，选取了现实问题比较突出或低碳效益比较显著的几个技术点，借以进行技术适宜性的评价。技术点的选取本着如下原则：①绿色技术在应用过程中问题较多，具备较大改进空间，适合作为适宜度探讨对象，这种技术点是评价的主体；②部分绿色技术在实际中应用量极大或者极少，虽然并不具备较大改进空间，但可以集中反映适宜性问题，利于验证适宜度评价体系的可靠性。

根据以上分析，最终择定阳光车库设计、住宅底部架空空间设计、机械停车、地源热泵系统、太阳能热水、中水回用、外窗外遮阳、室内高效收纳体系、绿色建材、隔声门窗共十个方面的绿色技术项。这些技术点覆盖了绿标中所涉及的节能、节地、节水、节材、室内环境五个方面，具备相当高的研究价值（图 5-1-1）。

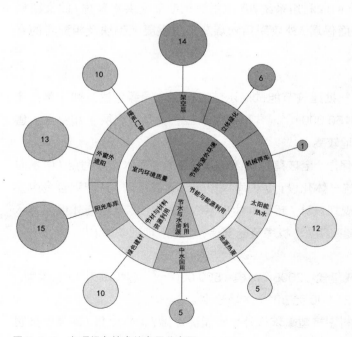

图 5-1-1　各项绿色技术的应用分布图

5.2 评价指标的确定

5.2.1 根据文献调研可能涉及的指标

要确定评价指标，首先需要明确什么样的技术才是适宜性绿色技术。研究发现，在建筑范畴内讨论适宜性技术的定性，需要同时结合中间技术与绿色建筑的理论内涵。中间技术是指在考虑地区自然、经济、生产等条件的前提下，相对于昂贵的现代高科技，可适应不同地区的低技型适当技术。而绿色建筑是指"在建筑的全寿命周期内，最大限度地节约资源（节能、节地、节水、节材）、保护环境和减少污染，为人们提供健康、适用和高效的使用空间，与自然和谐共生的建筑"（引自《绿色建筑评价标准》）。很显然，具备技术可行、经济适用、生态环保特点的技术才可以被称为适宜技术。

目前国内与技术适宜度评价相关的理论研究也反映了这一特点，分别有：2008年，天津城市建设学院肖忠钰在硕士论文《北方寒冷地区村镇节能技术适宜度评价研究》中，以技术先进性、经济合理性、适用可行性为主要评价指标，从建造、使用等多重层面分析了经济合理性，并将环境适宜性作为适用可行性的细分指标；2011年，华南师范大学涂莎莉等在文章《我国村镇空间规划技术的适宜性评价方法初探》中，以山东省空心村为例，采用技术可行性、经济适宜性、社会适宜性为主要评价指标，并在后两者中分别采用直接效益和潜在效益来评价相关规划技术的适宜性；2011年，重庆大学周甜甜在硕士论文《建筑节能技术适宜性筛选方法研究》中，从区域和建筑两个层面入手，以技术性、经济性、节能环保性作为主要评价指标，强调了节能水平等节能环保因素。

我们可以归纳出，绿色住区设计中的适宜技术，势必要具备在经济性、生态性两大一级基本指标上的良好表现。具体体现在，其应该是能够切合特定自然和社会条件，可经济有效地达成既定技术目标，具有较明显的能源或资源节约优势，有助于改善人的健康舒适性需求，与自然环境协调发展的建筑技术与设计方法。所以对经济性、生态性指标做进一步发掘，可以分别发展出"经济实用性"、"地域环境适应性、资源/能源节约效能、环境影响"两大二级指标组群。

在对住区的实际调研中还发现，由于绿色技术直接作用于日常居住生活中，其技术效能是否得到充分发挥与使用者的行为密切相关，因此适宜度评价必须考虑技术实际作用过程中是否利于引导人们的行为，是否对生活舒适性有影响。

所以除经济性、生态性两大指标外，继续引入操作性指标作为第三大一级基本指标，随之增加"舒适性改善、行为与习惯"二级指标组群。此外作为大量性建设项目，住区的项目规模（占地面积、建筑面积的大小）和类型（多层、高层等建筑组合）将对绿色技术的适用范围产生影响，进而增加 "项目适应性"二级指标单项，使二级指标组群进一步完善。

至此我们可以列出以下绿色技术指标：技术成熟度，技术复杂性；规模适应性，类型适应性；直接收益，间接收益；气候与地理，资源配套，资源／能源节约，环境影响；舒适性改善，行为与习惯。

5.2.2　结合评价技术点，选取实际中主要涉及的指标

对阳光车库设计、住宅底部空空间设计、机械停车、地源热泵系统、太阳能热水、中水回用、外窗外遮阳、室内高效收纳体系、绿色建材、隔声门窗等共 20 个方面分别进行分析，各技术点相关的指标如下：

景观活动场地的规划布置：项目适应性，类型适应性，直接收益，间接收益，技术成熟度，技术复杂性，气候与地理，资源配套，资源／能源节约，环境影响，舒适性改善，行为与习惯。

阳光车库设计：项目适应性，类型适应性，直接收益，间接收益，技术成熟度，技术复杂性，气候与地理，资源配套，资源／能源节约，环境影响，舒适性改善，行为与习惯。

住宅底部架空空间设计：项目适应性，类型适应性，直接收益，间接收益，技术成熟度，气候与地理，资源配套，资源／能源节约，环境影响，舒适性改善，行为与习惯。

集约式地面停车：项目适应性，类型适应性，直接收益，间接收益，技术成熟度，技术复杂性，资源配套，资源／能源节约。

步行系统设计：项目适应性，类型适应性，直接收益，间接收益，气候与地理，资源配套，资源／能源节约，环境影响，舒适性改善，行为与习惯。

地源热泵系统：项目适应性，类型适应性，直接收益，间接收益，技术成熟度，技术复杂性，气候与地理，资源配套，资源／能源节约，舒适性改善，行为与习惯。

中水回用：项目适应性，直接收益，间接收益，技术成熟度，技术复杂性，气候与地理，资源配套，资源／能源节约，环境影响，舒适性改善。

同层排水：项目适应性，直接收益，间接收益，资源配套，资源／能源节约，

舒适性改善，行为与习惯。

外窗外遮阳：项目适应性，类型适应性，直接收益，间接收益，气候与地理，资源／能源节约，环境影响，舒适性改善，行为与习惯。

室内高效收纳体系：项目适应性，直接收益，间接收益，技术成熟度，技术复杂性，资源配套，资源／能源节约，舒适性改善，行为与习惯。

绿色建材：项目适应性，类型适应性，直接收益，间接收益，气候与地理，资源配套，资源／能源节约，环境影响，舒适性改善。

隔声门窗：项目适应性，直接收益，间接收益，气候与地理，资源配套，资源／能源节约，环境影响，舒适性改善，行为与习惯。

经过统计，覆盖面最广的指标主要集中：规模适应性，类型适应性，直接收益，间接收益，气候与地理，资源配套，资源／能源节约，环境影响，舒适性改善，行为与习惯。

5.2.3 建立评价指标体系

要使评价指标体系体现出最大的全面性，其评价指标需要覆盖区域＋项目单体两个层级。因长三角地区经济发达，区域层面的经济性无探讨意义，故只在项目单体中探讨。具体可分为——区域层面：直接收益，间接收益，气候与地理，资源配套，资源／能源节约，环境影响，舒适性改善，行为与习惯；项目层面：规模适应性；类型适应性。构成指标体系如表5-2-1。

表 5-2-1　技术适宜度评价的指标体系

目标层（A）	应用范围	一级指标层（B）	二级指标层（C）	三级指标层（D）
绿色技术的适宜度评价	项目层面	项目可行性指标（B1）	项目适应性（C11）	规模适应性(D11-1)
				类型适应性(D11-2)
			经济适用性（C12）	直接收益(D12-1)
				间接收益(D12-2)
	区域层面	生态环保性指标（B2）	地域环境适应性（C21）	气候与地理(D21-1)
				资源配套(D21-2)
			资源／能源节约（C22）	无分指标
			环境影响（C23）	无分指标
		运营操作性指标（B3）	舒适性改善（C31）	无分指标
			行为与习惯（C32）	无分指标

1）技术方案的先期论证——项目可行性指标（B1）

衡量绿色技术是否适宜，需要先行探讨技术的项目可行性。此处的可行性评价指标抛开技术的地域环境适应性等因素，具体讨论项目适应性、经济适应性两大重要指标。

（1）项目适应性（C11）

住区建设的大量性特点决定了不同项目对绿色技术的选取角度是不同的，这其中发挥影响的主要因素是项目的规模和类型，下面分别从项目的规模适应性和类型适应性两方面进行探讨。

①规模适应性（D11-1）。项目的规模层面，同一种技术在组团、居住小区、居住区这样不同规模的开发项目中的经济性是不同的，以地源热泵技术为例，由于单个机组造价较高，同时让更多的住户共享可以充分利用设备资源，利于降低单位成本，相比之下小规模开发不如大规模开发的适应性高。因此，分别将技术的投资和项目的规模分为大、中、小三个等级，当技术的投资等级小于项目规模等级时，经济适宜度为优，等于时为中，大于时为差。

②类型适应性（D11-2）。项目的类型层面，高层、小高、多层、低层等不同建筑类型对技术的需求是有差异的，以太阳能光热技术为例，综合从利用效率和维护便利的角度考虑，低层、多层住宅显然更适宜使用该技术，高层、小高层住宅由于日照条件相对较差、分户式太阳能利用技术不尽完善等因素，对该技术的适应性就相对弱一些。根据这种情况来评判绿色技术的项目类型适应性，分别对应为优，中，差。

（2）经济适用性（C12）

经济性是影响技术适宜度的重要因素，是技术方案可行与否的基础。讨论一项技术的经济性，只考虑直接的经济回报是不够的，绿色技术的恰当应用，会带来巨大的间接效益，理应一并进行论述。

①直接经济效益（D12-1）。评价一项技术的经济适宜性，不仅要看技术本身的投资成本，还要关注根据技术的投资回报与项目定位的吻合度。对于定位较低的项目，价格昂贵、投资回报周期较长的技术不太现实，而对于定位较高的项目则可实现。本文根据技术的投资与项目定位的吻合度来判断绿色技术的经济适宜度，将技术的投资回报和项目定位分别分为高、中、低三个等级，当技术的投资回报周期等级小于项目定位等级时，经济适宜度为优；等于时为中，大于时为差。

②间接经济效益（D12-2）。间接经济效益主要包括获得国家绿色建筑星

级认证，或者采用某些技术的广告宣传价值。不可否认，这些因素可以显著增加住宅产品的无形价值。所以，评价一项技术的经济性，一方面要看其在绿色建筑评价标准中的所占分值权重，权重越高，对获得星级认证的促进作用越大，对经济性的间接提升也越大；另一方面，目前的房产市场上，恒温、恒湿、低噪等关键词是绿色住宅项目的主要卖点，这些为业主所青睐的绿色技术具有很大的促销效应。根据这种情况来评判绿色技术的间接经济效益，分别对应为优、中、差。

2）生态效益的评价——生态环保性指标（B2）

绿色技术的发展和环境紧密相连，其主要任务就是降低资源、能源消耗和减少环境污染，即增绿减碳。另一方面，技术的应用会对环境造成不同程度的不良影响，如自然能源的提取对生态环境的影响，这也是不容忽视的，不能因建筑节能而造成新的环境问题和社会问题。因此，不同技术的节能环保效果各不相同，应从正面和负面两个角度分别评价，生态性的优劣是衡量技术适宜性的重要因素。

（1）地域环境适应性（C21）

地域环境适应性是指某项技术在原理、功能等方面与当地的地理与气候环境的适应程度，这是决定绿色技术是否能正常发挥效能的前提。本项指标可以具体分为有关气候与地理环境、资源配套性两个方面。这里分别以7~10、4~7、0~3分别代表优、中、差三个等级，对各指标进行分级。

①气候与地理环境适应性（D21-1）。无论徽州民居中的天井、傣族建筑中的架空层，还是查尔斯柯里亚的管式住宅、哈桑法赛的夯土墙，世界各地的绿色技术都脱胎并根植于丰富多彩的地域环境。这必然意味着，同一绿色技术在不同地域并不具有相同的适用性。如外墙外保温技术在夏热冬冷的长三角一带适用性指数为2，而在夏热冬暖的珠三角地区适用性指数就为1。

②资源配套性（D21-2）。对于部分气候要求并不明显的技术，需要从资源配套性角度探讨。同一项看来积极有效的绿色技术，由于各地的资源条件不一样，发挥的积极意义是并不相同的。如中水回用技术，在水资源缺乏的西北地区适用性指数为2，而在水资源充裕的长三角地区则为1。

（2）资源/能源节约能效（C22）

资源、能源节约水平从正面角度反映了绿色技术的价值。不同技术之间的节约能效是有高低层次差别的，因此，根据作用范围将技术的节约能效划分为优、中、差三个层次。节约能效是对理想状态下技术节约目标值的一种评价，分析常见绿色技术在理想状态下的节约能效可知，其值大于 20% 时已处在较高的节约水平，小于 10% 时其优势已不明显，于是对 C22 指标作如下分级：优，节约能效 >20%；中，节约能效 20% ~ 5%；差，节约能效 <5%。

（3）环境影响评价（C23）

环境承受能力从负面反映了绿色技术对环境的影响，对环境的影响主要指污染气体的排放、CO_2 的排放、热污染、生态环境的影响等。由于自然环境具有一定的自我承受能力和修复能力，评价绿色技术对环境的影响应结合环境的承受力进行评价。根据技术对环境的影响及环境承受能力作如下分级：优，对环境具有积极影响；中，对环境无负面影响或者影响小到可以忽略；差，对环境有一定影响，需预测并规划在一定规模内。

3）以人为本的绿色理念——运营操作性指标（B3）

人作为绿色理念的践行主体和绿色技术的操作主体，对绿色技术是否能较好发挥作用具有重大影响。一项适宜的绿色技术，无论经济性、生态性如何，最终总要回归到行为实践上来，所以必须考虑其对人体行为的影响。综合比较来看，舒适性改善、行为引导性两个指标最为关键。

（1）舒适性改善（C31）

脱离了舒适性的绿色设计是没有意义的，本指标项旨在评价绿色技术对人体舒适性的影响是怎样的，它的使用是促进还是损害了人的舒适性。以阳光地库为例，阳光的引入提升了传统地下车库的空间品质，使人们更加感受到自然因素的美好，利于绿色理念的传播；地源热泵技术不但可以提供恒温的室内环境，还可以不受天气影响而全天提供热水，使人们切实感受到低碳科技的利好，利于该技术的推广应用。这里对 C31 指标做如下分级：优，对居住舒适性改善较大；中，对居住舒适性有一定改善；劣，对居住舒适性无改善或有负面影响。

（2）行为与习惯（C32）

绿色技术要良好的发挥作用，首先需要适应人体行为习惯，便于人们的使用。本指标项旨在评价绿色技术是否可以引导人们的行为，使人们乐于并习惯于低碳生活方式。以架空层为例，如果将其作为半室外健身运动空间，相对于露天的健身运动空间而言，其更有利于人们的全天候使用，可以提高人们外出活动的概率；如果作为自行车停放处，相对于地下车库而言，可以提高自行车使用率，促进低碳出行。这里对 C32 指标做如下分级：优，对人的使用积极性促进较大；中，对人的使用积极性有一定促进；劣，对人的使用积极性无促进或有负面影响。

4）结语

本节立足于解决住区绿色设计中适宜技术的选择问题，在所建立的适宜度评价指标体系的大框架中，对主要影响因子的作用机理、评价方法分别进行了分析探讨，进而构建了评价体系模型。模型涵盖经济性、地域环境、资源/能源节约等基本方面，并注意了项目的规模和类型对绿色技术的影响，界定了住区绿色技术适宜度的评价范围。

本研究相对同类研究的主要特色在于：除基本的可行性、生态性指标之外，于评价指标体系中首次引入以行为主体为核心的操作性指标，并将除直接经济回报之外的间接经济效益首次纳入到经济性指标中。研究成果可以作为下一步具体评价工作的依据，也可以为现有绿色技术的发展与改进提供着眼点。

5.3 评价方法论

5.3.1 相关数学理论

评价体系建立的关键在如何实现评价过程的规范性。绿色技术适宜度的评价指标直接来源于建筑和环境等不同层面，常常存在指标与指标之间缺乏联系，表达方式差别巨大等问题。因此，需要注重将相关数学理论应用于评价过程中（图5-3-1），通过层次分析法、无量纲法等理论支撑，使各指标的属性简化，实现相互的联系性和可比性，进而将评价指标与评价对象统一在一个综合框架中。

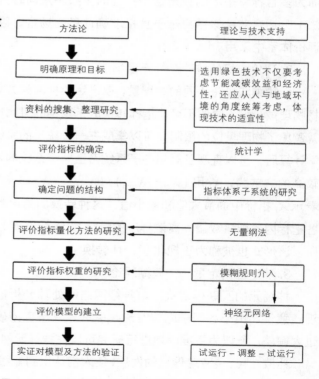

图5-3-1 评价方法论的应用流程图

1. 权重的确定——层次分析法

层次分析法（AHP 方法）是一种定性与定量相结合的多目标决策分析技术，其基本原理就是将待识别的复杂问题分解成若干层次，由专家和决策者对所列指标通过两两比较重要程度而逐层进行判断评分，利用计算判断矩阵的特征向量，确定下层指标对上层指标的贡献程度，从而得到基层指标对总目标而言重要性的排列结果。层次分析法适合于处理那些难以量化的复杂问题，并以其系统性、灵活性、实用性等特点特别适合于多目标、多层次、多因素的复杂系统的决策，且在决策过程中，决策者直接参与决策，决策者的定性思维过程被数学化、模型化，有助于保持思维过程的一致性。尽管 AHP 法还是基于主观判断的基础上，但系统方法的使用大大减少了主观偏差。

层次分析法的特点是在对复杂的决策问题的本质、影响因素及其内在关系等进行深入分析的基础上，利用较少的定量信息使决策的思维过程数学化，从而为多目标、多准则或无结构特性的复杂决策问题提供简便的决策方法，该方法十分适合对决策结果难于直接准确计量的场合，因此适合在绿色技术适宜度评价体系中采用。

2. 评价指标的统一——无量纲法

无量纲法是将不同的物理量，以一定的标准和方式以百分数或比例等表示，将物理量量纲不同的不可比指标转换成无量纲的可比指标。这样不同领域的信息就避免了物理单位的限制，可以集成在一个统一的系统中比较，在通过一定的数学计算后，可以直观了解到各子系统乃至整个系统的发展状况。目前转换一致性较高的方式为，X_i 用 $(X_i - X_{min}) / (X_{max} - X_{min})$ 转换，其中 X_{max}，X_{min} 分别表示 X_i 指标中的最大值和最小值，这种转换的结果数值会在 0 ~ 1 之间变换，各指标内的衡量数量间离散程度的特征数 S（标准差）和 S_e（标准误）相对最低，所以该形式也被称为正规化 [0，1] 转换。

3. 从定性到定量——模糊理论

神经元的互联模式决定着神经网络的处理分析信息的能力，但是仍难免主观随意性。由于各因子间相互影响关联，只是直接硬性地确定权重可能会产生过大偏差，所以为更准确地进行研究可以在神经元网络基础上加入模糊规则。

耗散结构、混沌等理论的发展，使人们认识到非线性乃是一切复杂性的渊源，正是非线性的作用和影响，才出现自然界、人类社会千变万化、错综复杂的风云变幻。很多状态都只能用"良好""比较好"等模糊的字眼描述。这就涉及了模糊思维问题。神经模糊综合评价是指对多种模糊因素所影响的事物或现象进行总的评价。所谓模糊是指边界不清晰，这种边界不清的模糊概念，是事物的一个客观属性，是事物的差异之间存在的中间过渡过程。地域住区指标体系是一个多因素融合的复杂系统，各因素间的关系错综复杂，表现出极大的不确定性和随机性，因此，为得到合理的评价结果，引入模糊数学的概念是符合评价的客观要求的。

4. 评价指标体系的数学原型——前向神经元网络

绿色技术适宜度评价指标体系的研究不应仅限于理论概念或具体几个技术细节层面上的探索，应尽快建立一个有普适性的科学方法与可操作的综合评价体系，一种理性客观的模型的支持，由此我们需要在已有的研究基础上引入人工神经元 BP 网络。

人工神经网络这一理论是非常庞大复杂的。我们这里只是讨论应用最广的前向人工神经网络模型的回想评价功能。神经元 BP 网络模型见图 5-3-2 所示。这个模型是由大量的同时也是很简单的节点（也称神经元）广泛地互相连接而形成的复杂网络系统。其中每个小圆圈表示一个节点。第一层（左边层）是输入层，第二层是隐含层[①]，第三层是输出层，网络可以有更多的隐含层。每两个节点间的连接都代表一个对于通过该连接信号的加权值，称之为权重，它可以加强或减弱上一个节点的输出对下一个节点的刺激。在隐含层和输出层的各节点还有一个激活函数（activation function），这相当于人工神经网络的记忆。通常用的激活函数是逻辑函数，此函数将前一层输出值的加权之和转换为此神经元的输出值。网络的输出则依网络的连接方式、权重值和激励函数的不同而不同。

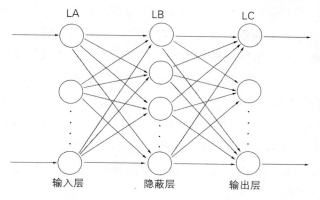

图 5-3-2　神经元 BP 网络模型

① 资料来源：陈磊，基于 BP 神经元网络的管网状态模拟及其应用研究。

前向神经网络模型的基本功能与线性回归类似，是完成 n 维空间向量对 m 维空间的近似映射，这种映射是通过各个神经元之间的连接和阈值来实现的。这样就可以把纷繁复杂的大量基础数据通过多维向一维的映射最终得到少量或者是唯一的目标指标，轻易地解决具有上百个参数的问题，所以它非常适合应用到适宜度评价这样具有多指标的技术体系中来。

5.3.2 绿色住区模糊评价程序的具体使用方法

模糊评价程序是实现量化评价的基础，因此需要特别说明。其使用方法为首先将综合评价指标体系中各基本评价指标确定为一个普通集合 $U=\{u_1$，u_2，$\cdots$，$u_i\}$，其中 u_i（$i=1$，2，$\cdots$，m）代表各评价因素，称为因素集。其次确定评价集，其为评价者对评价对象可能作出的各种评价结果所组成的一个普通集合，常用 V 表示，$V=\{v_1$，v_2，$\cdots$，$v_n\}$，式中 V_j（$j=1$，2，$\cdots$，n）代表各种可能的评价效果，例如，评价级 $V=\{$优，良，中，及格，不及格$\}$ 等。由于不同的评价者对每一因素的评价结果不同，因此描述评价的结果只能用对 u_i 作出 v_j 评价的可能性大小来表示，这种可能的程度成为隶属度，记做 r_{ij}，$0<r_{ij}<1$。因此，对第 i 个因素 u_i 进行评价，有一个相应的隶属度向量 $R_i=(r_{i1}$，r_{i2}，$\cdots$，$r_{in})$，$i=1$，2，$\cdots$，m。

比如对第 2 个评价因素进行评价，专家们（评价者）认为应属于"优"等级的占全体人员的 30%，认为应属"良"等级的占 40%，认为应属于"中"等级的人占 20%，认为应属于"及格"等级的占 10%，而认为应属于"不及格"等级的人占 0%，则 $R_2=(0.30$，0.40，0.20，0.10，$0)$，进而整个评价因素集内各因素相应的隶属度向量可以记为模糊矩阵。以 B 表示评价集上各种评价的可能性系数，可按最大原则选择最大的 b_j 所对应的 v_j 作为评价结果。比如：$B=\{0.30$，0.40，0.20，0.10，$0\}$，则表示认为综合评价结果属于"优"的专家占 30%，认为属于"良"等级的专家占 40%……按照最大原则，应选择最大的 $b_2=0.4$ 所对应的 v_j 作为评价结果，即评价对象应属于"良"等级。为了使评价结果更加直观，可把综合评价结果用分值表示，例如取五等级记分时，可把各评价等级定义为（9，7，5，3，1）分，得向量 C（9，7，5，3，1）T，那么总分为 $W=B \times CT$。

5.4 评价操作方法

5.4.1 指标权重确定的基本方法

为确定各层因素的相对重要性权重值，采用 D 层因素两两相比的方法构建"判断矩阵"，利用判断矩阵的特征向量确定下层指标对上层指标的贡献程度。通过有关算法，求出的层次单排序，然后求出层次总排序(即"组合权重")。举例 D 指标的重要性比较如图 5-4-1 所示。其中 A 为上层某一因素，b_{ij} 为有关因素两两相比所取数值。

如 B_i 和 B_j 因素同样重要，则取 $b_{ij}=1$

如 B_i 比 B_j 因素稍微重要，则取 $b_{ij}=3$

如 B_i 比 B_j 因素明显重要，则取 $b_{ij}=5$

如 B_i 比 B_j 因素强烈重要，则取 $b_{ij}=7$

如 B_i 比 B_j 因素极端重要，则取 $b_{ij}=9$

A	B_1	B_2	$\cdots$	B_n
B_1	1		$\cdots$	
B_2		1	$\cdots$	
$\vdots$	$\vdots$		1	$\vdots$
B_n			$\cdots$	1

图 5-4-1　A-D 层因子架构体系
（资料来源：作者自绘）

数值 2、4、6、8 则为介于两种相对重要性程度之间的取值。判断矩阵中两两相比值的赋值，是根据数据资料、专家咨询和分析者的专业认识加以综合后给出的。以下举例 D 指标的重要性比较如表 5-4-1 所示：

表 5-4-1　D 指标重要性比较表格

	规模适应性 D11-1	类型适应性 D11-2	直接收益 D12-1	间接收益 D12-2	气候与地理 D21-1	资源配套 D21-2	资源/能源节约 D22-1	环境影响 D23-1	舒适性改善 D31-1	行为引导 D32-1
规模适应性 D11-1	1	1/2	9	3	5	3	7	7	5	3
类型适应性 D11-2	2	1	9	4	6	4	8	8	6	4
直接收益 D12-1	1/9	1/9	1	1/5	1/3	1/5	1	1/3	1/3	1/5
间接收益 D12-2	1/3	1/3	5	1	5/3	1/3	3	3	1	1
气候与地理 D21-1	1/5	1/7	5	3/5	1	1/5	1	3	3	3
资源配套 D21-2	1/3	1	5	3	1	3	7	5	5	3
资源/能源节约 D22-1	1/7	1/3	5	1	1	1/3	1	1	1	1/3
环境影响 D23-1	1/7	1/5	3	1/5	1/3	1/3	1	1	1	1/3
舒适性改善 D31-1	1/5	1/5	3	1/3	1/3	1/5	1	1	1	1/3
行为与习惯 D32-1	1/3	1/3	7	1	3	1	5	3	3	1

5.4.2 多样本统计权重评价法

为保证评价结果的客观性和精确性，采用多样本统计方法，选取绿色建筑研究领域内的 10 位专家担任评价师，将 10 位专家的评分汇总后，得到表5-4-2。根据表格中的数据计算出每个指标项的平均权重，从而进行下一步的适宜度评价。

表 5-4-2　权重统计表

可行性指标		平均值	专家1	专家2	专家3	专家4	专家5	专家6	专家7	专家8	专家9	专家10
项目适应性 C11	规模适应性 D11-1											
	类型适应性 D11-2											
经济适用性 C12	直接收益 D12-1											
	间接收益 D12-2											
生态性指标		平均值	专家1	专家2	专家3	专家4	专家5	专家6	专家7	专家8	专家9	专家10
地理环境适应性 C21	气候与地理 D21-1											
	资源配套 D21-2											
资源 / 能源节约 C22	资源 / 能源节约 D22-1											
环境影响 C23	环境影响 D23-1											
操作性指标		平均值	专家1	专家2	专家3	专家4	专家5	专家6	专家7	专家8	专家9	专家10
舒适性改善 C31	舒适性改善 D31-1											
行为与习惯 C32	行为引导 D32-1											
总分												

经过对专家评分进行计算，得到各指标权重分布表（表5-4-3）：

表5-4-3　D指标重要性比较表格

经济可行性指标		权重	权重
项目适应性 C11	规模适应性 D11-1	0.0377	0.1319
	类型适应性 D11-2	0.0942	
经济适用性 C12	直接收益 D12-1	0.2378	0.2982
	间接收益 D12-2	0.0604	
生态环保性指标		权重	权重
地理环境适应性 C21	气候与地理 D21-1	0.0881	0.1256
	资源配套 D21-2	0.0375	
资源/能源节约 C22	资源/能源节约 D22-1	0.1585	0.1585
环境影响 C23	环境影响 D23-1	0.1039	0.1039
运营操作性指标		权重	权重
舒适性改善 C31	舒适性改善 D31-1	0.1127	0.1127
行为与习惯 C32	行为引导 D32-1	0.0697	0.0697

5.4.3　评价操作方法

为保证评分精度，将评价结果进一步深化为"很差、差、较差、一般、较好、好、很好"7个等级，对应的得分系数分别为"-2/3、-1/3、0、1/3、2/3、1"，根据评价指标体系制作评价表格（如表5-5-1）。根据绿色技术的实际情况计算出每个指标项的得分，可以得到适宜度量化的具体结果。将量化结果制作成可视化图表，可以直观反映该项绿色技术点在各个指标上的适宜度分布，至此完成适宜度评价的基本操作。

5.5　实证研究

1. 评价操作

为了对上述评价体系进行验证，对住宅底部架空空间设计、阳光车库设计、太阳能热水系统、立体绿化、地源热泵系统、中水回用、外窗外遮阳、机械停车系统、绿色建材、隔声门窗共十项绿色技术点进行全过程评价操作，将评价结果与实际调研情况对比，根据两者的一致性来判别该评价体系的可靠性，或者对评价体系进行修正。下面以架空空间设计的适宜性评价为例，展现具体评价过程。

规模适应性：对住宅底部进行架空处理，可以有效促进住区内部的通风效果。

在大中型住区中使用该技术，可以通过灵活组织建筑来实现夏季通风、冬季避风，尤其是与中心景观中的绿地、水系结合，会富有更加显著的效果。相对而言，小规模住区由于住栋较少，景观面积有限，使用效果稍差。

类型适应性：低层、多层住宅建筑每栋户数较少，所在住区的容积率相对较低，架空处理显得非常不经济，功能上也不是特别必要。相对而言，高层住宅建筑所在住区的容积率比较高，建筑对住区气候的负面影响较大，使用架空处理既可以增加公共活动场所，也利于住区通风。

"直接收益：一方面，可以在用地不足的时候用来减小建筑日照间距，从而提高土地使用率，这一点并不是总能起作用；底部架空层不计入容积率，却具有泛会所的功能用途，在一定程度上可以减少公共设施的投资成本。评价等级：很好。

间接收益：与绿标中节地与室外环境环节相关，对评价标识有直接的贡献；住户认可度较高，尤其为老年、儿童群体所喜闻乐见；作为楼盘品质的象征，广告宣传价值较大。评价等级：很好。"

气候与地理：长三角地区夏季闷热，对住区外部通风有强烈需求，此外本地的住区用地地形基本平坦，因此架空层与本地的气候与地理适应性很好。评价等级：很好。

资源配套：长三角地区土地资源紧缺，人口密度很高，导致高层高密度住区越来越多，架空层既有助于节地，也有助于改善原本拥挤的住区环境。评价等级：很好。

资源/能源节约：节地方面，可以不占用外部地面，在建筑内部解决休憩、游戏、非机动车停车甚至景观功能，并且利于减小建筑的日照间距，对土地利用率提高明显；节能方面，在夏季有利降低住区热岛效应，减少空调负荷，同时利于营造舒适的外部环境，吸引人外出活动从而减少室内逗留所产生的能耗；但由于底部架空使二层楼板外露，冬季会使二层住户的能耗相应增加。评价等级：较好。

环境影响：由于可以在景观、通风方面改善住区微环境，对环境具有明显的积极影响。评价等级：很好。

舒适性改善：在特定季节如夏季，其通风、遮阳作用对人体的舒适改善非常明显。评价等级：很好。

行为与习惯：架空空间同时兼具室内和室外空间的优点，与人喜在阴凉、开敞、可遮雨的地方的活动习惯相适应，并且由于可以广泛分布于住区各处，十分利于人们的使用。评价等级：很好。

根据上述评价过程，得到架空空间的适宜度评价结果如表5-5-1所示。同理完成阳光车库设计、太阳能热水系统、立体绿化、地源热泵系统、中水回用、外窗外遮阳、机械停车系统、绿色建材、隔声门窗等九项的评价，分别得到表5-5-2至表5-5-10。

表 5-5-1　住宅底部架空空间设计

总得分：75.5 / 86.81

可行性指标			评价条件	赋值/得分	很差	差	较差	一般	较好	好	很好
					-1	-2/3	-1/3	0	1/3	2/3	1
项目可行性 C11	规模适应性 D11-1	大型	根据技术在不同规模的项目中的适应性，划分等级优、中、差	3.77/*							√
		中型								√	
		小型							√		
	类型适应性 D11-2	高层	根据技术与高层、多层、低层等不同建筑类型的适应性，划分等级优、中、差	9.42/*–							√
		多层					√				
		低层			√						
经济适用性 C12	直接收益 D12-1		根据技术的投资成本、回报周期与区域经济水平/项目定位的匹配程度，划分等级优、中、差	23.78/23.78							√
	间接收益 D12-2		包括对获得绿色建筑星级认证的贡献作用，居民的认可度，及广告宣传价值等，划分等级优、中、差	6.04/6.04							√

生态性指标		评价条件	赋值/得分	很差	差	较差	一般	较好	好	很好
				-1	-2/3	-1/3	0	1/3	2/3	1
地理环境适应性 C21	气候与地理 D21-1	根据绿色技术与当地气候、地理条件的匹配程度，如温湿度、地形条件等，划分等级优、中、差	8.81/8.81							√
	资源配套 D21-2	根据与当地相关资源条件的匹配程度，如水资源、太阳能资源等，划分等级优、中、差	3.75/3.75							√
资源/能源节约 C22		根据对资源、能源的节约水平划分等级优、中、差；节约能效 >20%，优；节约能效 20%~5%，中；节约能效 <5%，差	15.85/10.57						√	
环境影响 C23		根据对环境的影响及环境承受能力划分等级，优：对环境具有积极影响；中：对环境无负面影响或者影响小到可以忽略；差：对环境有一定负面影响	10.39/10.39							√

运行操作性指标	评价条件	赋值/得分	很差	差	较差	一般	较好	好	很好
			-1	-2/3	-1/3	0	1/3	2/3	1
舒适性改善 C31	根据对生活舒适性的改善程度，划分等级优、中、差	11.27/7.51						√	
行为与习惯 C32	根据与人体行为习惯的适应程度，即是否便于人们使用，划分等级优、中、差	6.97/4.65						√	

* 规模适应性与类型适应性均需结合具体的项目评价，此处暂不参评，下同。

表 5-5-2 阳光车库设计

总得分：45.14/86.81

可行性指标			评价条件	赋值/得分	很差	差	较差	一般	较好	好	很好
					−1	−2/3	−1/3	0	1/3	2/3	1
项目可行性 C11	规模适应性 D11-1	大型	根据技术在不同规模的项目中的适应性，划分等级优、中、差	3.77/–							√
		中型								√	
		小型						√			
	类型适应性 D11-2	高层	根据技术与高层、多层、低层等不同建筑类型的适应性，划分等级优、中、差	9.42/–							√
		多层							√		
		低层					√				
经济适用性 C12	直接收益 D12-1		根据技术的投资成本、回报周期与区域经济水平/项目定位的匹配程度，划分等级优、中、差	23.78/7.93					√		
	间接收益 D12-2		包括对获得绿色建筑星级认证的贡献作用，居民的认可度，及广告宣传价值等，划分等级优、中、差	6.04/4.03						√	
生态性指标			评价条件	赋值/得分	很差	差	较差	一般	较好	好	很好
					−1	−2/3	−1/3	0	1/3	2/3	1
地理环境适应性 C21	气候与地理 D21-1		根据绿色技术与当地气候、地理条件的匹配程度，如温湿度、地形条件等，划分等级优、中、差	8.81/8.81							√
	资源配套 D21-2		根据与当地相关资源条件的匹配程度，如水资源、太阳能资源等，划分等级优、中、差	3.75/0				√			
资源/能源节约 C22			根据对资源、能源的节约水平划分等级优、中、差；节约能效 >20%，优；节约能效 20%~5%，中；节约能效 <5%，差	15.85/5.28					√		
环境影响 C23			根据对环境的影响及环境承受能力划分等级，优：对环境具有积极影响；中：对环境无负面影响或者影响小到可以忽略；差：对环境有一定负面影响	10.39/6.93						√	
运行操作性指标			评价条件	赋值/得分	很差	差	较差	一般	较好	好	很好
					−1	−2/3	−1/3	0	1/3	2/3	1
舒适性改善 C31			根据对生活舒适性的改善程度，划分等级优、中、差	11.27/7.51						√	
行为与习惯 C32			根据与人体行为习惯的适应程度，即是否便于人们使用，划分等级优、中、差	6.97/4.65						√	

表 5-5-3 太阳能热水系统

总得分：30.73/86.81

可行性指标			评价条件	赋值/得分	很差 −1	差 −2/3	较差 −1/3	一般 0	较好 1/3	好 2/3	很好 1
项目可行性 C11	规模适应性 D11-1	大型	根据技术在不同规模的项目中的适应性，划分等级优、中、差	3.77/–							√
		中型								√	
		小型								√	
	类型适应性 D11-2	高层	根据技术与高层、多层、低层等不同建筑类型的适应性，划分等级优、中、差	9.42/–					√		
		多层									√
		低层									√
经济适用性 C12	直接收益 D12-1		根据技术的投资成本、回报周期与区域经济水平/项目定位的匹配程度，划分等级优、中、差	23.78/15.85						√	
	间接收益 D12-2		包括对获得绿色建筑星级认证的贡献作用，居民的认可度，及广告宣传价值等，划分等级优、中、差	6.04/2.01					√		
生态性指标			评价条件	赋值/得分	很差 −1	差 −2/3	较差 −1/3	一般 0	较好 1/3	好 2/3	很好 1
地理环境适应性 C21	气候与地理 D21-1		根据绿色技术与当地气候、地理条件的匹配程度，如温湿度、地形条件等，划分等级优、中、差	8.81/5.87						√	
	资源配套 D21-2		根据与当地相关资源条件的匹配程度，如水资源、太阳能资源等，划分等级优、中、差	3.75/−1.25			√				
资源/能源节约 C22			根据对资源、能源的节约水平划分等级优、中、差；节约能效>20%，优；节约能效20%~5%，中；节约能效<5%，差	15.85/10.57						√	
环境影响 C23			根据对环境的影响及环境承受能力划分等级，优：对环境具有积极影响；中：对环境无负面影响或者影响小到可以忽略；差：对环境有一定负面影响	10.39/0				√			
运行操作性指标			评价条件	赋值/得分	很差 −1	差 −2/3	较差 −1/3	一般 0	较好 1/3	好 2/3	很好 1
舒适性改善 C31			根据对生活舒适性的改善程度，划分等级优、中、差	11.27/0				√			
行为与习惯 C32			根据与人体行为习惯的适应程度，即是否便于人们使用，划分等级优、中、差	6.97/−2.32			√				

表 5-5-4　立体绿化

总得分：19.86/86.81

可行性指标			评价条件	赋值/得分	很差	差	较差	一般	较好	好	很好
					−1	−2/3	−1/3	0	1/3	2/3	1
项目可行性 C11	规模适应性 D11-1	大型	根据技术在不同规模的项目中的适应性，划分等级优、中、差	3.77/–							√
		中型								√	
		小型								√	
	类型适应性 D11-2	高层	根据技术与高层、多层、低层等不同建筑类型的适应性，划分等级优、中、差	9.42/–		√					
		多层									√
		低层								√	
经济适用性 C12	直接收益 D12-1		根据技术的投资成本、回报周期与区域经济水平/项目定位的匹配程度，划分等级优、中、差	23.78/−15.85		√					
	间接收益 D12-2		包括对获得绿色建筑星级认证的贡献作用，居民的认可度，及广告宣传价值等，划分等级优、中、差	6.04/2.01					√		
生态性指标			评价条件	赋值/得分	很差	差	较差	一般	较好	好	很好
					−1	−2/3	−1/3	0	1/3	2/3	1
地理环境适应性 C21	气候与地理 D21-1		根据绿色技术与当地气候、地理条件的匹配程度，如温湿度、地形条件等，划分等级优、中、差	8.81/5.87						√	
	资源配套 D21-2		根据与当地相关资源条件的匹配程度，如水资源、太阳能资源等，划分等级优、中、差	3.75/0				√			
资源/能源节约 C22			根据对资源、能源的节约水平划分等级优、中、差；节约能效 >20%，优；节约能效 20%~5%，中；节约能效 <5%，差	15.85/5.28					√		
环境影响 C23			根据对环境的影响及环境承受能力划分等级，优：对环境具有积极影响；中：对环境无负面影响或者影响小到可以忽略；差：对环境有一定负面影响	10.39/10.39							√
运行操作性指标			评价条件	赋值/得分	很差	差	较差	一般	较好	好	很好
					−1	−2/3	−1/3	0	1/3	2/3	1
舒适性改善 C31			根据对生活舒适性的改善程度，划分等级优、中、差	11.27/7.51						√	
行为与习惯 C32			根据与人体行为习惯的适应程度，即是否便于人们使用，划分等级优、中、差	6.97/4.65						√	

表 5-5-5　地源热泵系统

总得分：64.4/86.81

可行性指标			评价条件	赋值/得分	很差	差	较差	一般	较好	好	很好
					−1	−2/3	−1/3	0	1/3	2/3	1
项目可行性 C11	规模适应性 D11-1	大型	根据技术在不同规模的项目中的适应性，划分等级优、中、差	3.77/-							√
		中型								√	
		小型					√				
	类型适应性 D11-2	高层	根据技术与高层、多层、低层等不同建筑类型的适应性，划分等级优、中、差	9.42/-							√
		多层							√		
		低层					√				
经济适用性 C12	直接收益 D12-1		根据技术的投资成本、回报周期与区域经济水平/项目定位的匹配程度，划分等级优、中、差	23.78/15.85						√	
	间接收益 D12-2		包括对获得绿色建筑星级认证的贡献作用，居民的认可度，及广告宣传价值等，划分等级优、中、差	6.04/6.04							√

生态性指标		评价条件	赋值/得分	很差	差	较差	一般	较好	好	很好
				−1	−2/3	−1/3	0	1/3	2/3	1
地理环境适应性 C21	气候与地理 D21-1	根据绿色技术与当地气候、地理条件的匹配程度，如温湿度、地形条件等，划分等级优、中、差	8.81/8.81							√
	资源配套 D21-2	根据与当地相关资源条件的匹配程度，如水资源、太阳能资源等，划分等级优、中、差	3.75/3.75							√
资源/能源节约 C22		根据对资源、能源的节约水平划分等级优、中、差；节约能效 >20%，优；节约能效 20%~5%，中；节约能效 <5%，差	15.85/10.57						√	
环境影响 C23		根据对环境的影响及环境承受能力划分等级；优：对环境具有积极影响；中：对环境无负面影响或者影响小到可以忽略；差：对环境有一定负面影响	10.39/3.46					√		

运行操作性指标	评价条件	赋值/得分	很差	差	较差	一般	较好	好	很好
			−1	−2/3	−1/3	0	1/3	2/3	1
舒适性改善 C31	根据对生活舒适性的改善程度，划分等级优、中、差	11.27/11.27							√
行为与习惯 C32	根据与人体行为习惯的适应程度，即是否便于人们使用，划分等级优、中、差	6.97/4.65						√	

表 5-5-6 中水回用技术

总得分：6.47/86.81

可行性指标			评价条件	赋值/得分	很差	差	较差	一般	较好	好	很好
					-1	-2/3	-1/3	0	1/3	2/3	1
项目可行性 C11	规模适应性 D11-1	大型	根据技术在不同规模的项目中的适应性，划分等级优、中、差	3.77/–							√
		中型								√	
		小型								√	
	类型适应性 D11-2	高层	根据技术与高层、多层、低层等不同建筑类型的适应性，划分等级优、中、差	9.42/–							√
		多层								√	
		低层								√	
经济适用性 C12	直接收益 D12-1		根据技术的投资成本、回报周期与区域经济水平/项目定位的匹配程度，划分等级优、中、差	23.78/-15.85		√					
	间接收益 D12-2		包括对获得绿色建筑星级认证的贡献作用，居民的认可度，及广告宣传价值等，划分等级优、中、差	6.04/-2.01			√				
生态性指标			评价条件	赋值/得分	很差	差	较差	一般	较好	好	很好
					-1	-2/3	-1/3	0	1/3	2/3	1
地理环境适应性 C21	气候与地理 D21-1		根据绿色技术与当地气候、地理条件的匹配程度，如温湿度、地形条件等，划分等级优、中、差	8.81/5.87						√	
	资源配套 D21-2		根据与当地相关资源条件的匹配程度，如水资源、太阳能资源等，划分等级优、中、差	3.75/-2.5		√					
资源/能源节约 C22			根据对资源、能源的节约水平划分等级优、中、差；节约能效 >20%，优；节约能效 20%~5%，中；节约能效 <5%，差	15.85/10.57						√	
环境影响 C23			根据对环境的影响及环境承受能力划分等级，优：对环境具有积极影响；中：对环境无负面影响或者影响小到可以忽略；差：对环境有一定负面影响	10.39/10.39							√
运行操作性指标			评价条件	赋值/得分	很差	差	较差	一般	较好	好	很好
					-1	-2/3	-1/3	0	1/3	2/3	1
舒适性改善 C31			根据对生活舒适性的改善程度，划分等级优、中、差	11.27/0				√			
行为与习惯 C32			根据与人体行为习惯的适应程度，即是否便于人们使用，划分等级优、中、差	6.97/0				√			

表 5-5-7 外窗外遮阳

总得分：41.19/86.81

可行性指标		评价条件	赋值/得分	很差 -1	差 -2/3	较差 -1/3	一般 0	较好 1/3	好 2/3	很好 1
项目可行性 C11	规模适应性 D11-1 大型	根据技术在不同规模的项目中的适应性，划分等级优、中、差	3.77/-							√
	中型								√	
	小型							√		
	类型适应性 D11-2 高层	根据技术与高层、多层、低层等不同建筑类型的适应性，划分等级优、中、差	9.42/-							√
	多层									√
	低层									√
经济适用性 C12	直接收益 D12-1	根据技术的投资成本、回报周期与区域经济水平/项目定位的匹配程度，划分等级优、中、差	23.78/-7.93			√				
	间接收益 D12-2	包括对获得绿色建筑星级认证的贡献作用，居民的认可度，及广告宣传价值等，划分等级优、中、差	6.04/6.04							√

生态性指标		评价条件	赋值/得分	很差 -1	差 -2/3	较差 -1/3	一般 0	较好 1/3	好 2/3	很好 1
地理环境适应性 C21	气候与地理 D21-1	根据绿色技术与当地气候、地理条件的匹配程度，如温湿度、地形条件等，划分等级优、中、差	8.81/8.81							√
	资源配套 D21-2	根据与当地相关资源条件的匹配程度，如水资源、太阳能资源等，划分等级优、中、差	3.75/2.5						√	
资源/能源节约 C22		根据对资源、能源的节约水平划分等级优、中、差；节约能效 >20%，优；节约能效 20%~5%，中；节约能效 <5%，差	15.85/15.85							√
环境影响 C23		根据对环境的影响及环境承受能力划分等级，优：对环境具有积极影响；中：对环境无负面影响或者影响小到可以忽略；差：对环境有一定负面影响	10.39/0				√			

运行操作性指标		评价条件	赋值/得分	很差 -1	差 -2/3	较差 -1/3	一般 0	较好 1/3	好 2/3	很好 1
舒适性改善 C31		根据对生活舒适性的改善程度，划分等级优、中、差	11.27/11.27							√
行为与习惯 C32		根据与人体行为习惯的适应程度，即是否便于人们使用，划分等级优、中、差	6.97/4.65						√	

表 5-5-8　机械停车系统

总得分：26.4/86.81

可行性指标			评价条件	赋值/得分	很差	差	较差	一般	较好	好	很好
					-1	-2/3	-1/3	0	1/3	2/3	1
项目可行性 C11	规模适应性 D11-1	大型	根据技术在不同规模的项目中的适应性，划分等级优、中、差	3.77/-							√
		中型								√	
		小型						√			
	类型适应性 D11-2	高层	根据技术与高层、多层、低层等不同建筑类型的适应性，划分等级优、中、差	9.42/-							√
		多层							√		
		低层						√			
经济适用性 C12	直接收益 D12-1		根据技术的投资成本、回报周期与区域经济水平/项目定位的匹配程度，划分等级优、中、差	23.78/15.85						√	
	间接收益 D12-2		包括对获得绿色建筑星级认证的贡献作用，居民的认可度，及广告宣传价值等，划分等级优、中、差	6.04/-6.04	√						

生态性指标		评价条件	赋值/得分	很差	差	较差	一般	较好	好	很好
				-1	-2/3	-1/3	0	1/3	2/3	1
地理环境适应性 C21	气候与地理 D21-1	根据绿色技术与当地气候、地理条件的匹配程度，如温湿度、地形条件等，划分等级优、中、差	8.81/5.4						√	
	资源配套 D21-2	根据与当地相关资源条件的匹配程度，如水资源、太阳能资源等，划分等级优、中、差	3.75/3.75							√
资源/能源节约 C22		根据对资源、能源的节约水平划分等级优、中、差；节约能效 >20%，优；节约能效 20%~5%，中；节约能效 <5%，差	15.85/15.85							√
环境影响 C23		根据对环境的影响及环境承受能力划分等级，优：对环境具有积极影响；中：对环境无负面影响或者影响小到可以忽略；差：对环境有一定负面影响	10.39/0				√			

运行操作性指标	评价条件	赋值/得分	很差	差	较差	一般	较好	好	很好
			-1	-2/3	-1/3	0	1/3	2/3	1
舒适性改善 C31	根据对生活舒适性的改善程度，划分等级优、中、差	11.27/-3.76			√				
行为与习惯 C32	根据与人体行为习惯的适应程度，即是否便于人们使用，划分等级优、中、差	6.97/-4.65		√					

表 5-5-9 绿色建材

总得分：28.1/86.81

可行性指标			评价条件	赋值/得分	很差	差	较差	一般	较好	好	很好
					−1	−2/3	−1/3	0	1/3	2/3	1
项目可行性 C11	规模适应性 D11−1	大型	根据技术在不同规模的项目中的适应性，划分等级优、中、差	3.77/−							√
		中型							√		
		小型							√		
	类型适应性 D11−2	高层	根据技术与高层、多层、低层等不同建筑类型的适应性，划分等级优、中、差	9.42/−							√
		多层									√
		低层									√
经济适用性 C12	直接收益 D12−1		根据技术的投资成本、回报周期与区域经济水平/项目定位的匹配程度，划分等级优、中、差	23.78/ −15.85			√				
	间接收益 D12−2		包括对获得绿色建筑星级认证的贡献作用，居民的认可度，及广告宣传价值等，划分等级优、中、差	6.04/ 2.01					√		

生态性指标		评价条件	赋值/得分	很差	差	较差	一般	较好	好	很好
				−1	−2/3	−1/3	0	1/3	2/3	1
地理环境适应性 C21	气候与地理 D21−1	根据绿色技术与当地气候、地理条件的匹配程度，如温湿度、地形条件等，划分等级优、中、差	8.81/ 5.87						√	
	资源配套 D21−2	根据与当地相关资源条件的匹配程度，如水资源、太阳能资源等，划分等级优、中、差	3.75/ 3.75							√
资源/能源节约 C22		根据对资源、能源的节约水平划分等级优、中、差；节约能效 >20%，优；节约能效 20%~5%，中；节约能效 <5%，差	15.85/ 15.85							√
环境影响 C23		根据对环境的影响及环境承受能力划分等级，优：对环境具有积极影响；中：对环境无负面影响或者影响小到可以忽略；差：对环境有一定负面影响	10.39/ 10.39							√

运行操作性指标	评价条件	赋值/得分	很差	差	较差	一般	较好	好	很好
			−1	−2/3	−1/3	0	1/3	2/3	1
舒适性改善 C31	根据对生活舒适性的改善程度，划分等级优、中、差	11.27/ 3.76					√		
行为与习惯 C32	根据与人体行为习惯的适应程度，即是否便于人们使用，划分等级优、中、差	6.97/ 2.32					√		

表 5-5-10　隔声门窗

总得分：30.13/86.81

可行性指标		评价条件	赋值/得分	很差	差	较差	一般	较好	好	很好
				-1	-2/3	-1/3	0	1/3	2/3	1
项目可行性 C11	规模适应性 D11-1　大型	根据技术在不同规模的项目中的适应性，划分等级优、中、差	3.77/-							√
	中型								√	
	小型								√	
	类型适应性 D11-2　高层	根据技术与高层、多层、低层等不同建筑类型的适应性，划分等级优、中、差	9.42/-							√
	多层									√
	低层									√
经济适用性 C12	直接收益 D12-1	根据技术的投资成本、回报周期与区域经济水平/项目定位的匹配程度，划分等级优、中、差	23.78/-15.85		√					
	间接收益 D12-2	包括对获得绿色建筑星级认证的贡献作用，居民的认可度，及广告宣传价值等，划分等级优、中、差	6.04/6.04							√
生态性指标		评价条件	赋值/得分	很差	差	较差	一般	较好	好	很好
				-1	-2/3	-1/3	0	1/3	2/3	1
地理环境适应性 C21	气候与地理 D21-1	根据绿色技术与当地气候、地理条件的匹配程度，如温湿度、地形条件等，划分等级优、中、差	8.81/8.81							√
	资源配套 D21-2	根据与当地相关资源条件的匹配程度，如水资源、太阳能资源等，划分等级优、中、差	3.75/2.5						√	
资源/能源节约 C22		根据对资源、能源的节约水平划分等级优、中、差；节约能效 >20%，优；节约能效 20%~5%，中；节约能效 <5%，差	15.85/0				√			
环境影响 C23		根据对环境的影响及环境承受能力划分等级，优：对环境具有积极影响；中：对环境无负面影响或者影响小到可以忽略；差：对环境有一定负面影响	10.39/10.39							√
运行操作性指标		评价条件	赋值/得分	很差	差	较差	一般	较好	好	很好
				-1	-2/3	-1/3	0	1/3	2/3	1
舒适性改善 C31		根据对生活舒适性的改善程度，划分等级优、中、差	11.27/11.27							√
行为与习惯 C32		根据与人体行为习惯的适应程度，即是否便于人们使用，划分等级优、中、差	6.97/6.97							√

2. 对比验证

由于规模适应性和类型适应性需要根据具体的项目来评定分数，而对直接经济效益、资源与能源节约能效等其余几项的评价已足以对绿色技术进行整体定性，因此在对评价数据的统计过程中，规模适应性和类型适应性并不被考虑。将以上十个技术点的评分结果汇总后，得到适宜度评价结果如下：

（1）住宅底部架空空间设计：75.5/86.81

（2）地源热泵系统：64.4/86.81

（3）阳光车库设计：45.14/86.81

（4）外窗外遮阳：41.19/86.81

（5）太阳能热水系统：30.73/86.81

（6）隔声门窗：30.13/86.81

（7）绿色建材：28.1/86.81

（8）机械停车系统：26.4/86.81

（9）立体绿化：19.86/86.81

（10）中水回用技术：6.47/86.81

各分项指标得分排序如表 5-5-11 至表 5-5-13：

表 5-5-11

经济实用性（总分 29.81）	
架空空间	29.82
地源热泵	21.89
太阳能热水	17.86
阳光车库	11.96
机械停车	9.81
外遮阳	−1.89
隔声门窗	−9.81
绿色建材	−13.84
立体绿化	−13.84
中水回用	−17.86

表 5-5-12

生态环保性（总分 38.8）	
绿色建材	39.62
架空空间	33.52
外遮阳	27.16
地源热泵	26.59
机械停车	25.00
中水回用	24.33
隔声门窗	21.7
立体绿化	21.54
阳光车库	21.02
太阳能热水	15.19

表 5-5-13

运营操作性（总分 18.24）	
隔声门窗	18.24
地源热泵	15.92
外遮阳	15.92
架空空间	12.16
阳光车库	12.16
立体绿化	12.16
绿色建材	6.08
中水回用	0
太阳能热水	−2.32
机械停车	−8.41

已知绿色技术点的实际应用情况为：

（1）阳光车库——15/29

（2）架空层——14/29

（3）外窗外遮阳——13/29（集中于朗诗）

（4）太阳能热水系统——12/29

（5）绿色建材——10/29

（6）隔声门窗——10/29（集中于朗诗、万科）

（7）立体绿化——6/29

（8）地源热泵系统——5/29（集中于朗诗）

（9）中水回用——5/29

（10）机械立体停车——1/29

机械停车系统、立体绿化、中水回用技术在适宜度评价结果中处于 8 ~ 10 名，实际应用中处于 7 ~ 10 名，两者情况基本吻合；外窗外遮阳、太阳能热水系统、隔声门窗、绿色建材在适宜度评价结果中处于 4 ~ 7 名，实际应用中处于 3 ~ 6 名，两者情况基本吻合；住宅底部架空空间设计、地源热泵系统、阳光车库设计在适宜度评价结果中处于 1 ~ 3 名，除地源热泵系统外，实际应用中处于 1 ~ 2 名，两者情况基本吻合。据此可以初步证明评价体系具有较高的可靠度，可以对绿色技术的适宜性做出比较全面地反映。但地源热泵技术在适宜度评价结果和实际应用中存在较大差异，说明经济实用性的评价还需要结合项目定位来判断。

5.6 小结

作为为绿色技术适宜性提供定量分析的研究工具，绿色技术适宜度评价体系务必体现从定性到定量的跨越，从生成逻辑到体系架构均须做到严密和完备。本章通过将绿标中的技术点与实际技术点相对照，筛选出绿色技术适宜度评价体系的具体研究对象。通过对既有研究文献中所涉及的，以及研究对象相关的指标进行筛选，建立绿色技术适宜度评价指标体系，并从区域和单体项目的层面做了区分。在评价方法论上，选取量化研究的成熟方法——层次分析法来作为技术支持，并在文中对相关的模糊理论、无量纲法、前向人工神经网络做了介绍，根据评价方法论和多样本采集权重评价法，对评价指标体系中的各因子做了权重分析，得出相应的权重值。最后，根据对所选十个评价对象的评价研究结果，以及评价对象在实际调研中的情况，对评价体系进行了验证，证明该评价体系具备足够的可靠性，适宜作为长三角地区绿色技术适宜度研究的分析方法。

参考文献

[1] 杨靖，马进. 与城市互动的住区规划设计 [M]. 南京：东南大学出版社，2008.

[2] 杨洋. 南方地区高层住宅架空层设计研究 [D]. 广州：华南理工大学，2011.

[3] 周曾. 基于住宅底层架空的住区风环境改良研究 [D]. 武汉：华中科技大学，2011.

[4] 李志民，等. 建筑空间环境与行为 [M]. 武汉：华中科技大学出版社，2009.

[5] 王文卿. 城市地下空间规划与设计 [M]. 南京：东南大学出版社，2000.

[6] 建设部. 建筑采光设计标准 [S]. 北京：中国建筑工业出版社，2001.

[7] 王娟，段婷. 阳光地下车库设计初探 [J]. 深圳勘察设计，2011(5).

[8] 陈巍，邓小妹. 地下空间自然采光景观形态设计策略研究 [J]. 山西建筑，2011(27).

[9] 比尔·邓斯特，等. 建筑零能耗技术 [M]. 大连：大连理工大学出版社，2009.

[10] 清华大学建筑节能研究中心. 2011 中国建筑节能年度发展报告 [M]. 北京：中国建筑工业出版社，2011.

[11] C J Hocevar, R L Casperson. Thermocirculation data and instantaneous efficiencies for Trombe walls[C]//Proceedings of 4th National Passive Solar Conference. Kansas City：4th National Passive Solar Conference ,1979：109-119.

[12] 加藤义夫. 被动式太阳能建筑设计实践 [J]. 吴耀东，译. 世界建筑，1998(1).

[13] 殷超杰. 夏热冬冷地区被动式建筑设计策略应用研究——基于武汉市艺术家村规划与建筑设计 [D]. 武汉：华中科技大学，2007.

[14] 阿尔温德·克里尚. 建筑节能设计手册——气候与建筑 [M]. 刘加平，译. 北京：中国建筑工业出版社，2005.

[15] R Letan, V Dubovsky, G Ziskind. Passive ventilation and heating by natural convection in a multistorey building [J]. Building and Environment，2003(38)：197-208.

[16] 薛秀春. 世博园里的超低能耗建筑——"汉堡之家"探秘 [J]. 广西城镇建设，2010(3).

[17] 安安. 德国"被动屋"实现供暖零能耗 [J]. 建筑装饰材料世界，2006(12)：55.

[18] Danny S Parker. Low energy homes in the United States：Perspectives on performance from measured data[J]. Energy and Buildings，2009(41)：512-513.

[19] 翟边. 美国：推广零能耗住宅技术 [J]. 中国地产市场，2005(11)：72.

[20] 李元哲. 被动式太阳能热工设计手册 [M]. 北京：清华大学出版社，1993.

[21] 刘加平. 被动式太阳房动态模型研究 [J]. 西安冶金建筑学报，1994，26(4)：343-348.

[22] 刘加平，阎增峰. 窑居太阳房室内热环境动态分析的简化模型[J]. 西安建筑科技大学学报，2000，32(2)：103-107.

[23] 刘加平，杜高潮. 无辅助热源被动式太阳房热工设计[J]. 西安建筑科技大学学报，1995，27(4)：370-374.

[24] 叶宏，葛新石. 几种集热—贮热墙式太阳房的动态模拟及热性能比较[J]. 太阳能学报，2000，21(40).

[25] 杨柳. 建筑气候分析与设计策略研究[D]. 西安：西安建筑科技大学，2003.

[26] 李保峰. 建筑表皮[M]. 北京：中国建筑工业出版社，2008.

[27] 陈滨，等. 太阳能空气集热建筑模块冬季热性能优化实验研究[J]. 太阳能学报，2010(3).

[28] 余晓平，付祥钊，廖小烽. 浅析夏热冬冷地区低能耗住宅技术路线[J]. 重庆建筑大学学报，2008(12).

[29] 彭梦月. 被动房在中国北方地区夏热冬冷地区应用的可行性研究[J]. 建筑节能，2011(5).

[30] de Dear RJ，Schiller B G，Cooper D. Developing an adaptive model of thermal comfort and preference [J]. ASHRAE Trans，1998，104(1)：145-167.

[31] de Dear R J. Thermal comfort in naturally ventilated buildings：revisions to ASHRAE Standard 55[J]. Energy and Buildings，2002，34(6)：549-561.

[32] 叶晓江，等. 上海地区适应性热舒适研究[J]. 建筑热能通风空调，2007(5).

[33] 杨薇，张国强. 湖南某大学校园建筑环境热舒适调查研究[J]. 暖通空调，2006，36(9)：95-101.

[34] Zhang G，et al. Thermal comfort investigation of naturally ventilated classrooms in subtropics[J]. Indoor and Built Environment，2007，16(2)：148-158.

[35] Yang W，Zhang G Q. Thermal comfort in naturally ventilated and air conditioned buildings in humid subtropical climate zone in China[J]. International Journal of Biometeorology，2008，52(5)：385-398.

[36] 韩杰. 自然通风环境热舒适模型及其在长江流域的应用研究[D]. 长沙：湖南大学，2008.

[37] 王珏. 基于 LabVIEW 的串口调试系统设计[J]. 江西科学，2007(6)：46-48.

[38] 杨乐平，李海涛. LabVIEW 高级程序设计[M]. 北京：清华大学出版社，2003.

[39] 杨玉忠，冯金秋，钱美丽. 现场测量建筑围护结构热阻动态分析法的应用[J]. 建筑科学，2006，22(4A)：28-30.

[40] 徐选才，冯金秋. 《采暖居住建筑节能检验标准》解读[J]. 暖通空调，2003(3)：24-25.

[41] 朱传晟. 建筑节能现场检测技术初探[J]. 墙材革新与建筑节能，2002(6)：43-44.

[42] 费恺慧，段恺. 建筑节能现场检验方法及其影响因素[J]. 施工技术，2000，29(7)：31-33.

[43] 付祥钊. 夏热冬冷地区建筑节能技术[M]. 北京：中国建筑工业出版社，2002.

[44] 彦启森，赵庆珠. 建筑热过程[M]. 北京：中国建筑工业出版社，1991.

[45] 杨善勤，郎四维，涂逢祥. 建筑节能[M]. 北京：中国建筑工业出版社，1999.

[46] JGJ134—2010 夏热冬冷地区居住建筑节能设计标准[S]. 北京：中国建筑工业出版社，2010.

[47] DGJ32/J71—2008 江苏省居住建筑热环境和节能设计标准 [S]. 北京：中国建筑工业出版社，2009.

[48] 柳孝图. 建筑物理 [M]. 3 版. 北京：中国建筑工业出版社，2010.

[49] 韩爱兴. 夏热冬冷地区居住环境质量有望得到改善和提高 [J]. 新型建筑材料，2002(3)：26.

[50] 江亿. 超低能耗建筑技术及应用 [M]. 北京：中国建筑工业出版社，2004.

[51] 戴树桂，朱坦，白志鹏. 制定室内空气质量标准的几点意见 [J]. 城市环境与城市生态，1994，7(4)：36–39.

[52] JGJ26—86 民用建筑民用建筑节能设计标准（采暖居住建筑部分）[S]. 北京：中国建筑工业出版社，1986.

[53] JGJ26—95 民用建筑民用建筑节能设计标准（采暖居住建筑部分）[S]. 北京：中国建筑工业出版社，1995.

[54] 涂逢祥. 建筑节能 [M]. 北京：中国建筑工业出版社，2004.

[55] L 巴赫基. 房间的热微气候 [M]. 傅忠诚，等，译. 北京：中国建筑工业出版社，1987.

[56] 魏润柏，徐文华. 热环境 [M]. 上海：同济大学出版社，1994.

[57] D A McIntyre. Indoor Climate[M]. London：Applied Science Published ltd.，1980.

[58] P O Fanger. Thermal Comfort[M]. New York：McGram–Hill，1972.

[59] K Tanabe, K Kimura. Effects of air temperature, humidity, and air movement on thermal comfort under hot and humid conditions[J]. ASHRAE Trans, 1994, 100(2)：953–969.

[60] M Fountain, F Bauman, E Aren. Locally controlled air movement preferred in warm isothermal environments[J]. ASHRAE Trans, 1994, 100(2)：937–952.

[61] A P Gagge, J A J Stolowijk, J D Hardy. Comfort and thermal sensations and associated physiological responses at various temperatures[J]. Environmental Research, 1967(1).

[62] L G Berglund, P R Gonzalez. Application of acceptable temperature drift to build environment as a mode of energy conservation[J]. ASHRAE Trans, 1978(84).

[63] I A Raja, et al. Thermal comfort：use of controls in naturally ventilated buildings. Energy and Buildings, 2001(33)：235–244.

[64] 夏一哉，赵荣义，江亿. 北京市住宅环境热舒适研究 [J]. 暖通空调，1999(2).

[65] 李百战，刘晶. 重庆地区冬季教室热环境调查分析 [J]. 暖通空调，2007(5).

[66] 张旭，顾瑞英，官燕玲. 我国中部地区连续供暖房间室内热环境动态分析 [J]. 暖通空调，1997(6).

[67] 孟庆林，陈启高. 我国供暖临界地区居住建筑热环境分析 [J]. 暖通空调，1998(4).

[68] Huibo Zhang, Hiroshi Yoshino. Analysis of indoor humidity environment in Chinese residential buildings [J]. Building and Environment, 2010(45)：213–214.

[69] GB 90176—93 民用建筑热工设计规范 [S]. 北京：中国计划出版社，1993.

[70] 刘念雄，秦佑国. 建筑热环境 [M]. 北京：清华大学出版社，2005：11–13.

[71] JGJ134—2010 夏热冬冷地区居住建筑节能设计标准 [S]. 北京: 中国建筑工业出版社, 2010.

[72] DGJ32/J71—2008 江苏省居住建筑热环境和节能设计标准 [S]. 北京: 中国建筑工业出版社, 2009.

[73] 刘坤. 南京市近三十年城市空间扩展与居住空间形成过程 [D]. 南京: 东南大学, 2011.

[74] 傅秀章, 张宏, 吴雁. 既有住宅节能改造策略与方法研究 [C]. 既有建筑综合改造关键技术研究与示范项目交流会, 2009.

[75] 吕俊华, 彼得·罗, 张杰. 中国现代城市住宅 1840—2000[M]. 北京: 清华大学出版社, 1991.

[76] Ali Sayigh, A Hamid Marafia. Chapter 1—Thermal comfort and development of bioclimatic concept in building design[J]. Renewable And Sustainable Energy Reviews, 1998(2): 3–24.

[77] 欧阳沁, 等. 自然通风环境下的热舒适分析 [J]. 暖通空调, 2005, 35(8): 16–19.

[78] C M 柯里亚. 建筑形式遵循气候——一份来自印度的报告 [J]. 李孝美, 杨淑蓉, 译. 世界建筑, 1982(1).

[79] 夏博. 室内热环境 [EB/OL]. http://baike.baidu.com/view/630512.htm.

[80] 周鑫发. 应用可再生能源技术实现长三角地区建筑节能的探讨 [J]. 能源工程, 2004, 1(1): 1–5.

[81] 李仕国. 我国建筑能耗现状及对策分析 [J]. 甘肃科技, 2007, 23(12): 13–26.

[82] 林宪德. 建筑风土与建筑节能设计: 亚热带气候的建筑外壳节能设计 [M]. 台北: 詹氏书局, 1997.

[83] Baruch Givoni. Effectiveness of mass and night ventilation in lowering the indoor daytime temperatures—Part I: 1993 experimental periods[J]. Energy and Buildings, 1998(28): 25–32.

[84] 徐小林. 重庆夏季室内热环境对人体生理指标及热舒适的影响研究 [D]. 重庆: 重庆大学, 2005.

[85] 罗明智. 室内空气流速与人体舒适及生理应激关系的研究 [D]. 重庆: 重庆大学, 2005.

[86] 夏丽丽. 提高多层住宅夏季室内自然通风效果的研究 [D]. 天津: 天津大学, 2007.

[87] 麦克哈格. 设计结合自然 [M]. 苗经纬, 译. 北京: 中国建筑工业出版社, 1992.

[88] 肯尼斯·费兰普顿. 查尔斯·柯里亚作品评述 [J]. 饶小军, 译. 世界建筑导报, 1996(1).

[89] 宋德萱, 张铮. 建筑平面体形设计的节能分析 [J]. 新建筑, 2000(3).

致　谢

　　本书是在作者所主持课题研究的基础上完成的。该课题致力于长三角地区的适宜绿色技术探索，历时三年，今日终能将成果付梓，内心欢愉之余更觉得有诸多感谢的话要说。

　　首先感谢付出了汗水和智慧的课题组各位同仁。诸位治学严谨，团结协作，使整个团队能够高效运行。

　　感谢研究生同学岳文昆、朱丹、吕良枭、刘哲、武鼎鑫、姚姗姗、陈蕾、王莎莎，他们在资料收集、实地调研、模拟分析等环节做了大量扎实有效的工作，奠定了课题研究的基础。

　　感谢浙商建业置业有限公司秦海燕女士、南京长江都市建筑设计股份有限公司韦佳先生在课题研究中提供的指导及资料。

　　感谢我的同事们、朋友们的帮助，特别是林徽女士对本书付出的努力。

　　衷心感谢银城地产集团股份有限公司和东南大学出版社的大力支持。

　　由于研究需要，在长三角地区的多个城市中进行了大量调研，过程中受到了部分物业部门和热心居民的协助，如无锡朗诗未来之家顾书记、山语银城的无名老先生等，在此一并表示感谢。本研究的最终目标在于促进长三角地区绿色住区实践，如果能在实际应用中为他们的生活改善贡献力量，将是我们希望看到的。

作者

2013 年 01 月